Brunhilde Bross-Burkhardt

50 sagenhafte Naturdenkmale in Baden-Württemberg

Regionen Schwarzwald · Baar · Schwäbische Alb · Oberschwaben · Bodensee

Brunhilde Bross-Burkhardt

50 sagenhafte Naturdenkmale in Baden-Württemberg

Regionen Schwarzwald · Baar · Schwäbische Alb · Oberschwaben · Bodensee

steffen verlag

Übersichtskarte

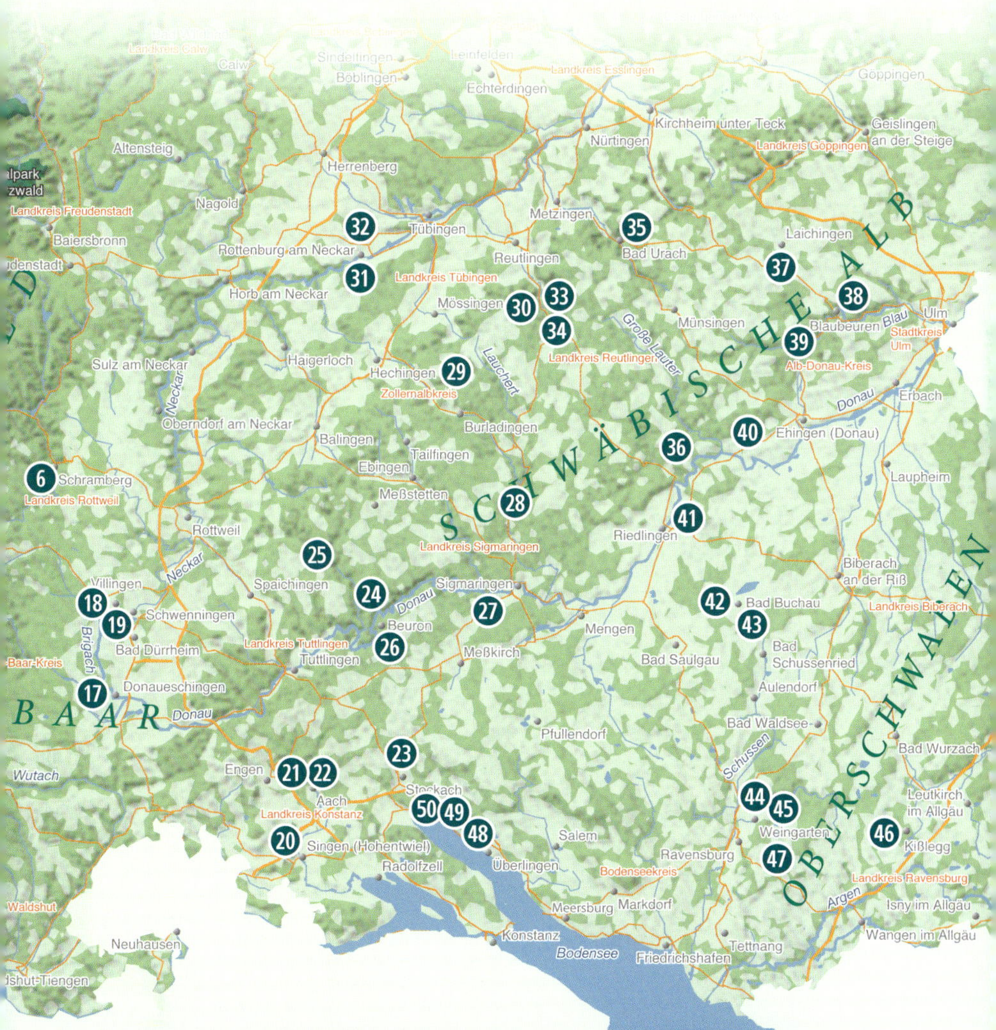

Landkreis Calw
Calw
Sindelfingen
Böblingen
Leinfelden
Echterdingen
Landkreis Esslingen
Göppingen
Kirchheim unter Teck
Nürtingen
Geislingen an der Steige
Landkreis Göppingen
Altensteig
Herrenberg
Nagold
Landkreis Freudenstadt
Baiersbronn
Tübingen
Metzingen
Rottenburg am Neckar
Reutlingen
Bad Urach
Laichingen
Landkreis Tübingen
Horb am Neckar
Mössingen
Münsingen
Blaubeuren
Blau
Ulm
Stadtkreis Ulm
Große Lauter
Landkreis Reutlingen
Alb-Donau-Kreis
Sulz am Neckar
Haigerloch
Hechingen
Lauchert
Zollernalbkreis
Neckar
Donau
Erbach
Oberndorf am Neckar
Burladingen
Ehingen (Donau)
Balingen
Tailfingen
Ebingen
Schramberg
Landkreis Rottweil
Meßstetten
Laupheim
SCHWÄBISCHE ALB
Rottweil
Riedlingen
Landkreis Sigmaringen
Biberach an der Riß
Villingen
Spaichingen
Sigmaringen
Schwenningen
Bad Buchau
Landkreis Biberach
Beuron
Mengen
Brigach
Bad Dürrheim
Landkreis Tuttlingen
Tuttlingen
Meßkirch
Bad Saulgau
Bad Schussenried
Baar-Kreis
Donaueschingen
Aulendorf
BAAR
Bad Waldsee
Pfullendorf
Bad Wurzach
Wutach
Schussen
Engen
Stockach
Aach
Leutkirch im Allgäu
Landkreis Konstanz
Weingarten
Salem
Kißlegg
Singen (Hohentwiel)
Radolfzell
Überlingen
Ravensburg
Bodenseekreis
OBERSCHWABEN
Landkreis Ravensburg
Waldshut
Meersburg
Markdorf
Argen
Isny im Allgäu
Neuhausen
Konstanz
Bodensee
Friedrichshafen
Tettnang
Wangen im Allgäu

Inhaltsverzeichnis

Anhang

Naturdenkmal Geisterhöhle in Rechtenstein direkt am Donau-Radweg

Vorwort

Baden-Württemberg bietet eine außerordentlich große Zahl an Naturdenkmalen in unterschiedlichsten Naturräumen. Was ein Naturdenkmal ist, definiert Paragraf 28 des Bundesnaturschutzgesetzes. Es handelt sich um Einzelgebilde oder flächenhafte Naturdenkmale bis zu fünf Hektar, deren besonderer Schutz aus wissenschaftlichen, naturgeschichtlichen oder landeskundlichen Gründen oder wegen ihrer Seltenheit, Eigenart und Schönheit erforderlich ist. Das baden-württembergische Naturschutzgesetz nennt noch ein weiteres Kriterium für die Ausweisung eines Naturdenkmals, nämlich die Sicherung und Entwicklung von Lebensgemeinschaften oder Lebensstätten wild lebender Tier- und Pflanzenarten. Flächenhafte Naturdenkmale umfassen oft Bereiche, die als Biotope ohnehin schon gesetzlich geschützt sind.

Aktuell (Stand Anfang 2021) gibt es 8.647 Einzelgebilde-Naturdenkmale und 6.222 flächenhafte Naturdenkmale. Weitere Schutzkategorien sind Naturschutzgebiete, Landschaftsschutzgebiete oder Nationalparks.

Um dieser Vielfalt an Naturdenkmalen ansatzweise gerecht zu werden, gibt es zwei Reiseführer zu dem Bundesland. In diesem Buch werden Naturdenkmale im südlichen Baden-Württemberg, um genau zu sein in den Regierungsbezirken Tübingen und Freiburg, vorgestellt. Hierzu zählen die bekannten touristischen Regionen Schwäbische Alb, Allgäu, Bodensee und Schwarzwald. Bereits erschienen ist ein Führer zu den Naturdenkmalen im nördlichen Baden-Württemberg, der sich mit dem Nordschwarzwald, der Neckarregion, Hohenlohe und der Ostalb beschäftigt.

Es bereitete mir als Nordwürttembergerin besondere Entdeckerfreude, die südlichen Landesteile mit ihren landschaftstypischen Besonderheiten, mit ihren vielen Felsen, Höhlen, Quelltöpfen, Wasserfällen und den Spuren des eiszeitlichen Geschehens zu erkunden. Bei meinen Exkursionen orientierte ich mich häufig an den Gewässersystemen und ging den ober- und unterirdischen Wegen des Wassers durch die Gesteinsschichten nach. So bewegte ich mich durch südbadische und südwürttembergische Lande häufig entlang der Europäischen Hauptwasserscheide Rhein-Donau, die sich in engem Bogen durch das südliche Baden-Württemberg zieht. Diese imaginäre Linie überschritt ich oft, sei es auf der Schwäbischen Alb, in Oberschwaben, auf der Baar oder im östlichen Schwarzwald, und gelangte gewissermaßen ins Epizentrum: zu den Quellflüssen der Donau und zum Neckarursprung (der Neckar fließt dem Rhein zu), die im östlichen Schwarzwald und auf der Baar sehr dicht beieinander liegen.

Bei dem Titel *Sagenhafte Naturdenkmale* ist es geboten, die Grenzen der oben genannten Definition eines Naturdenkmals dort zu überschreiten, wo ganz besondere Legenden einen eindrucksvollen Ort umranken. Atmosphärische Naturgebilde, seien es alte Bäume, Felsnadeln, Höhlen oder Quellen, regen wohl schon seit Urzeiten die Fantasie der Menschen an und ließen sie Geschichten erfinden oder in Steingebilden menschliche oder tierische Gestalten erkennen.

Bei der Recherche fielen mir die nicht selten wiederkehrenden Sagenmotive auf, die in leicht abgewandelter Form an verschiedenen Orten erzählt werden. Literaturwissenschaftler sprechen hierbei von »Wandersagen«. Ein Beispiel für eine solche Wandersage sind die mit Weingarten im Allgäu verbundene Welfensage und die vom Edelfrauengrab in Ottenhöfen im Ortenaukreis. Der verborgene Schatz im Berg, der nur nach dem Bestehen von drei Prüfungen zu heben ist, taucht ebenfalls in Verbindung mit verschiedenen Orten auf, beispielsweise mit dem Bussen in Oberschwaben. Ähnliches gilt auch für den Bräutigam, der zu seiner Geliebten eilt und bei einem Unwetter in einem reißenden Gewässer ertrinkt. Diese Geschichte erzählt eine der Laurasagen sowie eine aus Sipplingen am Bodensee.

Bei der außerordentlichen Fülle an Naturdenkmalen fällt es schwer, Favoriten zu nennen. Als raumgreifende Beispiele seien die

Steine und Felsen begeistern die Autorin, wie hier am Märchensee.

Zum Hinschauen: Einzelnaturdenkmal Mehlbeeren-Allee in Laichingen

Gottschläg-Wasserfälle mit dem Edelfrauengrab bei Ottenhöfen im Ortenaukreis, das Lautertal (Große Lauter) mit dem Wolfstal und der Bärenhöhle bei Lauterach und der Frauenfels hoch über dem Donautal genannt. Da ich sehr gerne in kaltem Wasser schwimme und dessen belebende Wirkung schätze, sollen hier auch der Windgfällweiher im Hochschwarzwald und der Karsee im gleichnamigen Ort im Allgäu erwähnt werden. Interessante Einblicke in unterirdische Welten bietet die Laichinger Tiefenhöhle mit ihrer Einbahn-Besucherführung. Durch sie erschloss sich mir der mit ihr verbundene Blautopf im nahen Blaubeuren.

Die Tropfsteinhöhle Erdmannshöhle in Hasel im südlichen Schwarzwald (in der Muschelkalkregion Dinkelberg) hätte wegen der mit ihr verbundenen schönen Sage durchaus einen Platz in diesem Buch verdient, doch sie war in meinem Exkursionsjahr 2020 leider geschlossen. Ein Besuch ist aber in jedem Fall empfehlenswert. Der Sage nach sollen dort früher Erdmännchen und Erdweibchen gehaust haben, Miniaturgeschöpfe, die den Menschen bei praktischen Arbeiten halfen, Rat erteilten, Märchen erzählten oder auch Gold an Menschen in Not gaben und als Gegenleistung dafür nur erwarteten, in strengen Wintern in einer Ecke der Wohnstube die Nacht verbringen zu dürfen. Nur hätten sie die Eigentümlichkeit gehabt, niemals ihre Füße zu zeigen. Da kamen vorwitzige Burschen aus Hasel auf die Idee, dem nachzugehen und streuten Asche auf den Weg von der Erdmannshöhle zum Dorf, um zu überprüfen, ob die Zwerge Fußabdrücke hinterließen. Als die Erdmännchen dieser List gewahr wurden, gerieten sie darüber in solchen Zorn, dass sie sich bei den Haslern nicht wieder blicken ließen. So erzählt es das *Badische Sagen-Buch*.

Alpen-Milchlattich

Und so lade ich Sie, liebe Leser, ein, mir auf meinen spannenden Exkursionen zu »sagenhaften Naturdenkmalen« im Südwesten Deutschlands zu folgen und dabei, so wie ich, beglückende Entdeckungen und Erfahrungen beim Gehen und Klettern, beim Eintauchen in Höhlen und beim Schwimmen in Gewässern zu machen.

Dr. Brunhilde Bross-Burkhardt
Langenburg, im Frühjahr 2021

Mummelsee

Wo die Nixen leben

Seebach

1 Die Recherche für dieses Buch führte mich zum ersten Mal in meinem Leben an den auf gut tausend Metern Höhe gelegenen Mummelsee. Nach der Ankunft mit dem Bus umrundete ich den Karsee auf dem 800 Meter langen, bequem zu gehenden Uferrundweg und sah mir dabei alles an. Als Botanikerin hatte ich bei dem Namen Mummelsee »Mummeln«, also Gelbe Teichrosen *(Nuphar lutea)*, im Sinn und ging davon aus, dass diese Pflanzenart namengebend für den See ist. Ich sah jedoch keine Teichrosen darin wachsen. Überhaupt schien es im See kaum Vegetation zu geben. So ganz anders als bei den vegetationsreichen Karseen bei Baiersbronn, einer Nachbargemeinde im Landkreis Freudenstadt (siehe *Sagenhafte Naturdenkmale in Baden-Württemberg, Band 1*). Ich erkläre mir die Vegetationsarmut damit, dass das Wasser im Mummelsee sauer und zudem nährstoffarm ist. Vermutlich wuchsen Teichrosen

Der sagenumwobene Mummelsee liegt zu Füßen der Hornisgrinde.

in früheren Zeiten im See. Teichrosen heißen auch Nixblumen, woraus der Volksmund Nixen machte. Und die sollen auf dem dunklen Seegrund wohnen, was – nebenbei gesagt – tatsächlich der Morphologie der Teichrose entspricht, die im Grund von Teichen und anderen Gewässern wurzelt und sich mit ihren langgestielten Schwimmblättern und Blütenständen an die Oberfläche erhebt.

Alte Sagen erzählen, wie sich die Nixen des Nachts bei frohem Gesang im Reigen über dem Wasser drehten und Schlag ein Uhr vom Seekönig in die Tiefe zurückgeholt wurden. Auch als hilfreiche Seeweiblein erscheinen sie in den Sagen der umliegenden Dörfer. Dort halfen sie beim Spinnen. Doch schon lange wurden sie nicht mehr gesehen, weil menschliche Profitgier sie vertrieben hat.

Eine andere Sage droht, dass jeder in den See hinabgezogen werde, der Steine hineinwerfe, und dass daraufhin sogleich ein Unwetter ausbreche. Und es gibt eine Gruppe von Sagen, die von der unergründlichen Tiefe des Mummelsees handeln. Einmal habe ein regierender Herzog von Württemberg ein Floß bauen lassen, um von der Mitte des Sees aus mit einem Senkel die Tiefe zu messen. Doch er habe keinen Boden gefunden.

Fingerhüte als Wegbegleiter

Denkmal für die Mummelsee-Nixen

Aussicht als Belohnung nach der Kletterpartie aufs Naturdenkmal Hohfelsen

Stattdessen sei das das Floß »wider die Natur des Holzes« gesunken. Die Menschen auf dem Floß konnten sich an Land retten. Diese Sage griff Hans Jakob Christoffel von Grimmelshausen (1622–1676) in seinem 1669 erschienenen Roman *Der Abentheuerliche Simplicissimus Teutsch* auf (abzurufen unter zeno.org). Im fünften Buch beschreibt er ab dem zehnten Kapitel »Simplex hört an von den Bauern mit Lust, Was ihnen vom Mummelsee bewußt«, wie seine Romanfigur sich gemeinsam mit einem Begleiter auf den Weg zum Mummelsee macht, um herauszufinden, ob diese Volkssage stimmt, und davon ausgehend Vorstellungen entwickelt, wie es vom Grund des Mummelsees aus im Erdinneren bis zu den Antipoden weitergehen könnte. Sehr vergnüglich zu lesen und lehrreich zugleich, da man viel über das Weltwissen in der Zeit des Barock erfährt.

Dass Grimmelshausen über den Mummelsee schreibt, verwundert nicht, denn er lebte gegen Ende seines wahrlich abenteuerlichen Lebens nicht weit entfernt in Renchen am Rand des Rheintals. Zu der Zeit war er Schultheiß von Renchen, nachdem er zuvor als Verwalter und Gastwirt tätig war. Mit den Gegebenheiten des Landstrichs und mit der Sagenwelt im Nordschwarzwald war er also bestens vertraut. Eine Gedenktafel auf dem Mummelseeareal erinnert an den Dichter.

Der sagenumwobene Mummelsee zog auch später noch Künstler in seinen Bann. Eduard Mörike ließ sich hier zu seiner Ballade *Die Geister am Mummelsee* inspirieren und womöglich auch zu der Erzählung *Die Historie von der schönen Lau*, die im Blautopf in Blaubeuren verortet ist (siehe Seite 140).

Informationen

Adresse: 77889 Seebach, Parkplatz Mummelsee

Anreise mit öffentlichen Verkehrsmitteln: Vom Bahnhof Freudenstadt aus verkehrt die Buslinie 12, eine Art Shuttlebus, die über die Schwarzwaldhochstraße direkt zur Endhaltestelle Mummelsee fährt. Eine Busverbindung gibt es auch von Ottenhöfen aus.

i www.mummelsee.de, www.seebach.de

Dreiländereck am Moor

Sasbach

❷ Direkt hinter dem Mummelsee erhebt sich der langgestreckte Bergrücken der Hornisgrinde, die mit 1.164 Metern Höhe weithin sichtbare höchste Erhebung im Nordschwarzwald. Vom Rheintal aus wirkt sie wie ein richtiger Berg. Eine weitere Besonderheit ist, dass die Kuppe von einem Hochmoor bedeckt ist. Bis zu fünf Meter hohe Torfschichten lagern auf dem Gestein des Grundgebirges. Es ist außer mit Torfmoos hauptsächlich von Heidekraut bewachsen, weitgehend baumlos und nur hie und da mit Krüppelweiden und Birken durchsetzt. In Tümpeln steht bräunliches Moorwasser. Große Teile der Kuppe sind Naturschutzgebiet, das nur auf den vorgegebenen Wegen und über einen Steg betreten werden darf. Vom Bismarckturm und von

Ein Hochmoor bedeckt die Kuppe der Hornisgrinde.

Der Dreifürstenstein am Rand der Hornisgrindekuppe fungiert als Grenzstein.

einigen Stellen am Rand des Plateaus hat man einen hervorragenden Blick ins Rheintal und zum nördlichen Schwarzwald.

Am südöstlichen Rand der Kuppe befindet sich das **Naturdenkmal Dreifürstenstein**. Rein physisch betrachtet handelt es sich dabei um sehr große, flach daliegende Buntsandsteinplatten; doch das eigentlich Besondere und Denkmalwürdige daran ist, dass es sich bei einer dieser Steinplatten auf 1.151 Metern Höhe um die höchste Erhebung Württembergs und gleichzeitig um einen Grenzstein handelt. Am Stein trafen sich im Jahr 1722 die Herrscher der hier aneinandergrenzenden Territorien – der Großherzog von Württemberg, der Markgraf von Baden und der Fürstbischof von Straßburg. Das denkwürdige Datum des Treffens und die Wappen der Beteiligten sind eingemeißelt und noch gut erkennbar. Viele weitere Einritzungen stammen aus jüngerer Zeit. Der Stein markiert auch heute noch die Gemarkungsgrenze zwischen den badischen Gemeinden Sasbach und Seebach sowie der württembergischen Gemeinde Baiersbronn.

So beginnt der Abstieg von der Hornisgrinde ins Rheintal.

Von der Hornisgrinde bzw. vom Mummelsee aus steuerte ich mein Übernachtungsziel Ottenhöfen im Achertal an. Der Wanderweg ins Tal beginnt gegenüber vom Berghotel auf der Hornisgrinde und geht stetig bergab – von über 1.164 auf rund 350 Meter über Meereshöhe. Der Abstieg über den steilen Pfad führt zunächst durch die Heidelbeerzone, vorbei am Naturdenkmal Hohfelsen, dann durch Nadelwald, in den sich allmählich Stechpalmen und Esskastanien mischen. An meinem Wandertag im Juli standen die Esskastanien in voller Blüte; mit ihrer gelblichen Farbe hoben sie sich deutlich von dem Grün der Tannen, Fichten und Kiefern ab. Weiter unten im Tal folgt die Zone der Obstbäume, der Kirschen, Zwetschgen und Apfelbäume, von denen viele bei meinem Besuch sehr geschädigt waren, teils vertrocknet und nur schütter belaubt.

Im Tal führt der Wanderweg entlang der wildwasserartig dahinfließenden Acher bis nach Ottenhöfen.

Informationen

Adresse: 77887 Sasbach (Parkmöglichkeit am Mummelsee)

Anreise mit öffentlichen Verkehrsmitteln: Von Ottenhöfen aus fährt ein Zubringerbus über den Mummelsee auf die Hornisgrinde mit dem Berghotel.

i www.mummelsee.de, www.sasbach.de

Gottschlägtal und Edelfrauengrab

Verlies für die böse Edelfrau

Ottenhöfen

❸ Auf meinem Weg zum Gottschlägtal war ich etwas enttäuscht davon, dass kein idyllischer Wanderweg dorthin führt wie der geheimnisvolle Name »Edelfrauengrab« vermuten lässt, sondern eine überbreite Straße dieses Namens, die ganz profan zu einem Schotterwerk fast am Ende des Tals führt. Na ja, Steine sind immerhin das Kapital des Schwarzwaldes und Steinbrüche klaffen wie riesige Wunden in den Schwarzwaldhängen. Tagsüber donnern auf der Edelfrauengrab-Straße die Lastwagen vorüber, leer oder beladen. Die Edelfrau würde sich ob all dieses Lärms noch in ihrem feuchten Grab umdrehen.

An meinem Wandertag in der Mittsommerzeit begleitete mich das milde Abendlicht bis in den hintersten Winkel des tief eingeschnittenen Tales. Und da sah ich auch schon die Auskolkungshöhle, in der sich der Sage zufolge das Edelfrauengrab befunden haben soll. Der Name deutet schon auf eine tragische Geschichte hin. In dieser Höhle soll ein Burgherr von Bosenberg aus dem ortsansässigen Adelsgeschlecht

Wildes Tosen im Gottschlägtal

Sagenhaft: das Edelfrauengrab

Über viele Stufen schießt der Gottschlägbach ins Tal.

seine Frau eingemauert haben, nachdem sie versucht hatte, sechs ihrer sieben Kinder ertränken zu lassen. Das kam so: Die Burgherrin war sehr hartherzig. Als eines Tages eine Bettlerin mit sieben Kindern zu ihr kam und eine milde Gabe verlangte, weil sie nach dem Tod ihres Mannes nicht wisse, wie sie ihre sieben Kinder ernähren solle, schalt sie die Burgherrin und fragte, warum sie sieben Kinder in die Welt setze, wenn sie nicht wisse, wie sie diese ernähren soll, und drehte sich um. Da stieß die Bettlerin in ihrer Verzweiflung die Verwünschung aus, dass die Burgfrau mit sieben Kindern auf einmal niederkomme. Der Fluch ging in Erfüllung. Als der Burgherr von Bosenberg einmal auf Jagd war, gebar seine Frau sieben Kinder an einem Tag. Die Edelfrau rief eine vertraute Magd herbei und befahl ihr, sechs der sieben Kinder in einem Weiher zu ertränken. Gerade als die Magd diesen Befehl in die Tat umsetzen wollte, begegnete ihr der Burgherr und fragte, was sie im Sack trage. Die Magd antwortete, dass sie sechs Hündlein ertränken solle.

Der Ritter ließ sie den Sack öffnen und sah die neugeborenen Kinder. Die Magd gestand alles. Der Ritter jedoch brachte die Kinder zu Pflegeeltern in der Gegend. Nach sieben Jahren veranstaltete er ein großes Gastmal auf seiner Burg. Während des Festes stand er auf und fragte: »Was verdient eine Mutter, die ihre eigenen Kinder umbringen lassen will?« Seine Frau, die die Frage nicht auf sich bezog, antwortete: »Eine solche Rabenmutter sollte man mit einem Laib Brot und einem Krug Wasser lebendig einmauern.« Und so geschah es.

Das Edelfrauengrab befindet sich auf der zweituntersten Stufe des Gottschläg-Wasserfalls. In einer engen Klamm schießt das Wasser des Gottschlägbaches über viele Stufen und Wendungen hinab ins Achertal und reißt dabei Geröll und Baumstämme mit sich. Gut gesicherte Treppen und Stege führen in der Klamm nach oben in ein Hochtal. Von dort zweigt ein Pfad zum Karlsruher Grat ab, der so heißt, weil anfangs vor allem Kletterer aus Karlsruhe hierher kamen. Einige stürzten an den Felsnadeln in den Tod. Zu Ehren der zu Tode Gekommenen wurde der Grat, der ursprünglich Eichhaldenfirst hieß, in Karlsruher Grat umbenannt. Das Klettern ist hier nach wie vor gefährlich, was an der Tatsache abzulesen ist, dass eine Bergwachtstation am Fuß des Grats eingerichtet ist. Die gratige Felsstruktur ist die Folge von vulkanischem Geschehen und Erosion. Das in Felsspalten erstarrte harte Magma blieb stehen, während das umgebende weichere Gestein wegerodiert wurde.

Gottschlägtal und Karlsruher Grat bilden zusammen ein kleines Naturschutzgebiet. Verbindendes Glied ist der Gottschläg-Porphyr.

Informationen

Adresse: 77883 Ottenhöfen, Edelfrauengrab (Name der Straße, die zum Gottschlägtal führt)

Anreise mit öffentlichen Verkehrsmitteln: Ottenhöfen ist Endstation der Bahnlinie von Achern. Vom Bahnhof bis zum Gottschlägtal mit dem Edelfrauengrab sind es zu Fuß etwa 2,5 Kilometer.

i www.ottenhoefen.de

Allerheiligen-Wasserfälle

Mark Twain und die sieben Bütten

Oppenau

4 Die Allerheiligen-Wasserfälle sind mit einer Höhe von 66 Metern die größten natürlichen Wasserfälle des Nordschwarzwaldes. Im Ranking der höchsten Wasserfälle Deutschlands außerhalb der Alpen liegen sie auf Platz 5. (Die Fallkante liegt auf 574 , die Prallzone auf 508 Metern Höhe.) Grund genug also für einen Besuch der »Felsenschrofen und Wasserfälle bei Allerheiligen«, wie sie in der Naturdenkmalliste bezeichnet sind. Die Allerheiligen-Wasserfälle wurden bereits Mitte des 19. Jahrhunderts zu einem touristischen Reiseziel, vor allem, da Baedeker sie in seinem Schwarzwald-Reiseführer erwähnte.

Schon lange eine Touristenattraktion: die Allerheiligen-Wasserfälle

Einst bedeutend, jetzt nur noch Ruine: Kloster Allerheiligen

Einer der prominentesten Besucher war Mark Twain, der 1878 bei seinem Aufenthalt in Baden-Baden auch nach Allerheiligen kam. Was er sah, schrieb er in *Bummel durch Europa* nieder: »Ein durchsichtig klarer Gießbach schießt pfeifend talabwärts, und am anderen Ende windet er sich durch einen schmalen Spalt zwischen hohen steilen Klippen und stürzt dann über eine Folge von Felswänden. Hat man die letzte hinter sich, gewinnt man einen herzerfreuenden Rückblick auf die Fälle – in einer siebenstufigen Treppe aus schäumenden und glitzernden Kaskaden steigen sie auf und ordnen sich zu einem Bild, das ebenso bezaubernd wie ungewöhnlich ist.«

Bei den »hohen steilen Klippen« handelt es sich um schroffe Porphyr-Felswände, die hier in der Ortenau als »Schrofen« bezeichnet werden. Dazwischen stürzt wie von Twain beschrieben in sieben Stufen das Wasser hinab und sammelt sich dabei nach jeder Stufe in Auskolkungen des Gesteins. Daher rührt die lokale Bezeichnung für die Wasserfälle als »Die sieben Bütten«.

Roter Holunder

Bei meiner Erkundung fragte ich mich, wie diese enge und steile Schlucht im 19. Jahrhundert zugänglich gemacht worden ist. – Zeitgenössische Lithografien zeigen abenteuerliche Leiter- und Brückenkonstruktionen, die das Begehen der Schlucht erst möglich machten. Das Betreten wurde im Laufe der Zeit immer komfortabler; seit 1964 gibt es einen aus Sandstein aufgebauten Treppenweg, der gefahrlos, aber doch mit einiger Anstrengung an den Wasserfällen vorbeiführt.

Bei meiner Wanderung nach Allerheiligen bewegte ich mich also auf den Spuren von Mark Twain, aber auch auf denen des bereits erwähnten Schriftsteller Hans Jakob Christoffel von Grimmelshausen, der Jahrhunderte zuvor nicht weit entfernt von Allerheiligen in Oberkirch-Gaisbach und danach in Renchen lebte. Einer seiner Söhne soll in Allerheiligen auf die Klosterschule gegangen sein.

Um die Wasserfälle und die Klosteranlage ranken sich zahlreiche Sagen. So viele, dass das Klosterareal eigens von einem Sagenrundweg umgeben ist. Eine besonders schöne handelt von einem Steinmetz und seiner Frau, einer Zigeunerin. Der Sage zufolge wohnte er mit ihr in einer Felsenhöhle in der Nähe des Wasserfalls. Doch die Zigeunerin verließ ihn. Nachdem er vergeblich nach ihr gesucht hatte, band er auf einem steilen Felsen über den Wasserfällen ein langes Seil an eine Tanne und ließ sich in den Abgrund hinab. Am Seil hängend meißelte er das Bild seiner Geliebten in die Felswand. Nach vollbrachter Tat schnitt er das Seil durch und stürzte in die Tiefe. Wer auf dem »Känzele«, das halb über die Wasserfälle hinausragt, steht wird vielleicht mit etwas Fantasie den in den Fels gemeißelten Frauenkopf erkennen.

Informationen

Adresse: 77728 Oppenau, Allerheiligen
Oberer Eingang über Kloster Allerheiligen, Haupteingang am Parkplatz Wasserfälle Allerheiligen

Anreise mit öffentlichen Verkehrsmitteln: Vom Bahnhof Oppenau aus mit der Buslinie 7125, an der Haltestelle Wasserfälle Allerheiligen, Oppenau aussteigen.

Teufelstein

Der Teufel verliert immer

Wolfach-St. Roman

5 Etwas »Teuflisches« wollte ich in diesem Naturdenkmalführer schon unterbringen. In Sagen taucht diese Figur ja des Öfteren auf, dieses ewig wiederkehrende Thema vom Ringen des Teufels mit Gott, wobei Gott und die Kirche immer als Sieger hervorgehen. Zum Teufelstein, bei dem es sich um einen Buntsandsteinklotz handelt, gibt es eine hintersinnige Sage, die immer noch lebendig ist und beim Faschingstreiben in Wolfach in Gestalt der »St. Romaner Teufel« präsent ist.

Die nachfolgende Version der Sage (es gibt mehrere) entnehme ich – leicht abgewandelt und verkürzt – der Webseite der Fastnachtszunft »St. Romaner Teufel«. Als die Kirche St. Roman erbaut wurde, erboste dies den Teufel derart, dass er sich rächen wollte. Er lud sich

Auf das Kirchlein in St. Roman hatte es der Teufel in der Sage abgesehen.

einen riesigen Felsklotz auf die Schulter und kam damit den steilen Abhang, der zur Kirche führt, herab; dabei hatte er Mühe, das Gleichgewicht zu halten. Seine Augen hätten wie die eines bösen Katers gefunkelt und aus seinem Mund sollen Flammen gefahren sein, die ihm den Bart versengten, so dass es ganz satansmäßig gestunken habe. Als der Teufel wieder einmal über seinen Rossfuß stolperte und stehen blieb, stand plötzlich wie aus dem Boden gewachsen ein kleines Männlein vor ihm mit einem weißen Bart und gütigen Augen. Das war der liebe Gott selber. Er fragte den Teufel ganz freundlich, was er denn am Sonntagfrüh mit dem Stein wolle. Dieser erwiderte: »Den Saustall da unten kaputt schmeißen!«, womit er das neue Kirchlein von St. Roman meinte. Da sagte das kleine Männlein: »Ei, das kannst Du immer noch. Leg Deinen Stein ein wenig ab, so dass wir uns darauf setzen.« Der Teufel ließ sich überreden und warf den Stein auf den Boden. Im selben Moment verschwand das Männlein. Da merkte der Teufel, dass er gefoppt worden war. Er versuchte, den Klotz wieder hochzuheben, was

Doch der Stein, mit dem er es zerstören wollte, blieb liegen. Deshalb heißt er Teufelstein.

ihm jedoch nicht gelang, und hinterließ dabei seine Fingerabdrücke auf dem Stein. Er fuhr mit Geheul davon und ließ sich in der Gegend nie wieder blicken. Der Teufelstein aber liegt noch immer oben auf dem Berg. Um genau zu sein, auf 749 Metern Höhe auf dem Sattel zwischen Allmendhöhe und Weberhöhe, etwa eine Viertelstunde zu Fuß von der Ortschaft St. Roman mit der Kirche entfernt, die der Teufel vernichten wollte.

Fliegenpilze

Der Ort St. Roman liegt hoch oben in einem Seitental der Kinzig. In diesem Tal und in der ganzen Gegend ist der Schwarzwald so, wie man ihn sich vorstellt, mit einzeln gelegenen Gehöften und Häusern mit weit heruntergezogenen Dächern und eingebettet in das riesige Waldgebiet nördlich des Kinzigtals. Die Baumstämme, die die Waldbauern hier schlugen, wurden in früheren Zeiten über Seitentäler zur Kinzig befördert und über sie zum Rhein geflößt. Das Leben in dieser Schwarzwaldregion, und speziell das, was sich im 19. Jahrhundert um den Teufelstein herum abspielte, legte der Priesterdichter Heinrich Hansjakob in der Erzählung *Fürst vom Teufelstein* (erstmals 1897 erschienen, nachlesbar unter www.Projekt-Gutenberg.com) schriftlich nieder. Sie handelt von einem Förster namens Fürst, der im 19. Jahrhundert die Waldungen der in Wolfach ansässigen Familie von Fürstenstein verwaltete und ein Waldmensch mit Leib und Seele war. Da liegt es nahe, dass der touristisch beworbene Hansjakob-Wanderweg am Teufelstein vorbeiführt.

Die neueste Ausgabe des *Fürst vom Teufelstein* erschien im Hansjakob Verlag, Haslach im Kinzigtal 2019.

Informationen

Adresse: 77709 Wolfach, St. Roman

Anreise mit öffentlichen Verkehrsmitteln: Der Teufelstein liegt abseits von Bahnstationen und Bushaltestellen. Er ist zu Fuß von Bahnhöfen im Kinzigtal (Schiltach oder Halbmeil) aus erreichbar.

i www.heinrich-hansjakob-gesellschaft.com

Burgfelsen Falkenstein

Wie versunken im Märchenwald

Schramberg

6 Mein Ziel in Schramberg war die Burgruine Falkenstein bzw. die Burgfelsen Ober- und Unterfalkenstein, die als geologisches Naturdenkmal ausgewiesen sind. Es handelt sich um landschaftstypische Felsbildungen aus Triberger Granit (siehe Seite 36). Die Höhenburg liegt stadtauswärts Richtung Tennenbronn im schluchtartigen Schiltachtal, das in diesem Talabschnitt als »Bernecktal« bezeichnet wird, was mich als Ortsfremde zunächst irritierte.

Die Burgruine Falkenstein scheint wie versunken im Märchenwald zu sein.

Ein wildromantischer Pfad führt durchs Marxenloch zur Burg.

Bei meinen Wanderungen geht es mir vor allem um den Weg, der ans Ziel führt. Mir gefällt es, wenn ich dabei schöne Ausblicke habe, wenn der Weguntergrund naturgebunden ist, wenn seltene Pflanzen und Pflanzengesellschaften die Umgebung säumen, wenn ich meine Füße zum Abkühlen ins Wasser tauchen kann. Das kurze Wegstück vom Busbahnhof zur Burgruine Falkenstein bietet all das: Die Ausblicke auf die Burgruine Hohenschramberg direkt oberhalb der Stadt, der schmale Fußpfad, der vorbei an eindrucksvollen Felsgebilden führt, fast wie im Hochgebirge. Dass dieser Weg Stuttgarter Weg heißt, habe ich erst an seinem Ende auf einem alten Schild gesehen. Die Namensgebung beruht darauf, dass Wanderfreunde aus Stuttgart einst diesen Weg anlegten, um nachfolgenden Wanderern auf angenehm zu gehendem Pfad die schöne Gegend zu erschließen. Am Ende des Weges kommt schließlich in naher Ferne über den Baumwipfeln die Burgruine in den Blick.

Mein Botanikerherz schlug höher, als ich auf einen Bergrücken mit eigenartiger Vegetation stieß, mit einem schütteren Bewuchs aus Eichen, Kiefern, Heidekraut, Wiesen-Wachtelweizen und Flechten, um genau zu sein mit großen Beständen von grauer *Cladonia arbuscula*, einer typischen Strauchflechte alpiner Zwergstrauchweiden. Es handelt sich dabei um eine sehr seltene und wertvolle Ausprägung von Kiefernwald ärmster Standorte, die ich zuvor noch nicht gesehen habe. Durch den Taleinschnitt des Marxenloches führt der Weg vorbei an einem Felshang zur Burgruine.

Die Burg, die im Jahr 1030 erstmals urkundlich erwähnt wurde, gilt als die älteste Burg des Schwarzwaldes und hat eine kriegerische Geschichte: Herzog Ernst von Schwaben soll sich hierher geflüchtet haben, bevor er und sein Kampfgefährte Werner von Kyburg bei einer Schlacht in der Nähe der Burg starben. Die Herren von Falkenstein hatten im Mittelalter großen Einfluss als Äbte und Chorherren in Straßburg und in den Klöstern St. Georgen, Reichenau, St. Gallen und Einsiedeln. Zwischen 1444 und 1449 verkauften sie Burg und Besitzungen an Graf Ludwig von Württemberg. Kurze Zeit darauf erwarb Hans von Rechberg die Burg. 1491 wurde sie zerstört. Eine Ruine blieb sie, bis Kommerzienrat Arthur Junghans d. Ä. (der Begründer der Uhrendynastie Junghans) sie Ende des 19. Jahrhunderts kaufte und renovierte. 1938 überließ er sie der Stadt Schramberg. Die Burg besteht aus der Vorburg und der Kernburg mit einem Wohnturm. Mit Hilfe einer Seilbahn kann Material zur Burg transportiert werden. Für einen sicheren Auf- und Abstieg in dem steilen Gelände und innerhalb der Burgruine sollte man gut zu Fuß und einigermaßen wendig sein.

Talaufwärts liegen weitere Burgen, die Ruine Berneck und die Ruine Ramstein.

Informationen

Adresse: 78713 Schramberg, oberhalb des Schiltachtales und der L 175 Richtung Tennenbronn

Anreise mit öffentlichen Verkehrsmitteln:
Von der Bahnstation Schiltach-Bahnhof im Kinzigtal aus ist Schramberg per Bus zu erreichen. Ausstieg am Busbahnhof.

i www.schramberg.de

Triberger Wasserfälle

Die Tränen der Gutta

Triberg

❼ Die Triberger Wasserfälle sind, man kann es nicht anders sagen, eine Touristenattraktion. Und das schon sehr lange, wie die im Wasserfallareal angebrachte Gedenktafel für Ernest Hemingway, der im August 1922 zum Fischen von Schwarzwaldforellen nach Triberg kam, belegt. Hemingway stand also bestimmt auch vor den Wasserfällen, die mit einer Fallhöhe von insgesamt 163 Metern zu den höchsten Wasserfällen Deutschlands zählen. Die Stadt wirbt zwar mit »den höchsten Wasserfällen«, tatsächlich sind es die höchsten Wasserfälle Deutschlands außerhalb der Alpen.

Die bestens erschlossenen Triberger Wasserfälle sind ein Besuchermagnet.

Selbst an dem regnerischen Tag, an dem ich sie besuchte, drängten sich Heerscharen von Menschen auf den Holzstegen und -brücken und den geteerten Wegen. Das war mir fast schon zu viel. Etwas ärgerlich fand ich zunächst auch, dass ein stolzer Eintritt verlangt wird – für ein Naturdenkmal! Doch beim Begehen des Areals wurde mir schnell klar, wofür das Geld gebraucht wird: Die Erschließung und Sicherung des Geländes, das Instandhalten der Wege und Stege samt der Entlohnung des Personals, all das ist sicherlich kostenintensiv. Zudem inszeniert die Stadt Triberg die Wasserfälle, indem sie sie abends beleuchtet.

Aber ich will nicht meckern: Trotz der für meinen Geschmack touristischen Übererschließung sind die Triberger Wasserfälle einen Besuch wert. Das Tosen, Gischten und Schäumen, die Wasserfallschleier, die Wirbel zwischen den Felsblöcken. Dem Urgewaltigen kommen die Menschen hier – bestens abgesichert – ganz nahe. Das Wasser der Gutach stürzt über Staffeln von Granitschwellen und haushohen Blöcken talwärts. Im oberen Bereich der Wasserfallstrecke befindet sich ein Blockmeer aus mächtigen Granitblöcken. Erwähnenswert finde ich, dass das in Triberg anstehende Gestein namensgebend ist für das in der Umgebung vorkommende Gestein, den »Triberger Granit«.

Mit dem Triberger Wasserfall ist eine Sage verbunden, nach der es die Tränen einer Frau namens Gutta sind, die sich in den Wasserfall ergießen. Die stolze Gutta erstarrte wegen eines Schwures tief verborgen im Schwarzwald, hinter den drei Bergen, zu einem Felsen. Darüber ist sie so traurig, dass sie ständig weint. Ihre Tränen bilden den Bach Gutach, der sich im Triberger Wasserfall in die Tiefe stürzt.

Die Quelle der Gutach liegt etwa 1.001 Meter über Meereshöhe auf dem Gemeindegebiet von Schönwald. Unweit davon entspringen die beiden Donauquellflüsse Brigach und Breg. Der 29 Kilometer lange Fluss Gutach fließt mit sehr starkem Gefälle (Höhendifferenz: 757 Meter) über Hornberg und Gutach der Kinzig zu und somit dem Rhein.

Verwirrend ist, dass es im Schwarzwald mehrere Bäche bzw. Flüsse mit dem Namen Gutach gibt. Einer ist ein vom Titisee kommender Quellbach der Wutach, ein anderer, der auch als Wilde Gutach

Der Triberger Wasserfall gilt als der höchste Deutschlands außerhalb der Alpen.

War einst als Tourist in Triberg: Ernest Hemingway

bezeichnet wird, fließt durch das Simonswälder Tal und mündet bei Gutach im Breisgau in die Elz. Im engen Gutachtal war der Schwarzwald einmal so, wie er heute touristisch vermarktet wird: mit Bollenhüten, Trachten und Schwarzwalduhren.

Informationen

Adresse: 78098 Triberg im Schwarzwald, Hauptstraße 85, hier befindet sich der Zugang von unten. Zwei weitere Zugänge gibt es von Parkplätzen an der B 500 aus, den mittleren, der am Bergsee vorbeiführt, und den oberen vom Parkplatz am Kreisverkehr.

Anreise mit öffentlichen Verkehrsmitteln: Die Trasse der Schwarzwaldbahn verläuft durch Triberg. Per Bahn ist die Stadt also sowohl von Stuttgart (mit ein- oder zweimaligem Umsteigen) als auch von Karlsruhe (ohne Umsteigen) aus erreichbar.

i www.triberg.de

Bregquelle und Günterfelsen

Der Streit um den Ursprung der Donau

Furtwangen

8 Luftlinienmäßig ist es von den Triberger Wasserfällen zur naturdenkmalgeschützten Bregquelle ganz nah. Doch es liegt eine unsichtbare Grenze dazwischen: die Europäische Hauptwasserscheide Rhein-Donau. Und um mit dem Auto zur Bregquelle zu kommen, ist ein weiter Umweg über Furtwangen nötig. Am Ortseingang von Furtwangen weist ein Schild zur »Donauquelle«. Es handelt sich dabei genau genommen um die Quelle der Breg, neben der Brigach einer der Quellflüsse der Donau, die sich am Ortsende von Donaueschingen zur Donau vereinigen. »Brigach und Breg bringen die Donau zu Weg«, das ist der Merkspruch, den ich noch aus der Schulzeit im Ohr habe. Die 1.078 Meter hoch gelegene Bregquelle ist die eigentliche, die »hydrologische« Quelle. Die Donauquelle in Donaueschingen hat dagegen nur den Status der »historischen« Quelle. Von der Quelle bis zur Mündung ins Schwarze Meer legt die Donau von der Bregquelle aus 2.857 Kilometer zurück (siehe auch Seite 71). Die Angabe auf der Tafel an der Quelle mit 2.888 Kilometer ist falsch.

Hier entspringt die Breg.

Aufgetürmte Riesensteine des Günterfelsen unweit der Bregquelle

Wie so viele Quellen wurde auch diese hier aufgehübscht, mit Steinen eingefasst, mit einer Skulptur versehen, mit Tafeln umstellt und gut zugänglich gemacht. Die 2017 aufgestellte Danuvius-Figur schuf der Bildhauer Wolfgang Eckert. Trotz dieser leichten touristischen Übererschließung, wie ich puristisch eingestellte Naturfreundin finde, ist das obere Bregtal und die dahinter liegende Anhöhe ein ausgesprochen idyllischer Ort. Relativ abgeschieden, mit nur wenigen Einzelgehöften, typischen Schwarzwaldhäusern. Und das auf über 1.000 Metern über dem Meer gelegen. Beschaulich wirkt es auch durch die Martinskapelle, die mit dem sie umgebenden Gelände ebenfalls als Naturdenkmal ausgewiesen ist.

Ein Wanderweg führt entlang der Anhöhe hinter der Quelle (wo die Europäische Hauptwasserscheide verläuft) zum Günterfelsen und zum Brendturm, einem Aussichtsturm.

Ich hatte mir im Vorfeld Bilder vom felsenmeerartigen Günterfelsen angesehen und mich in die Geologie eingelesen. Ich wusste, dass es sich um Triberger Granit aus der Wollsackverwitterung handelt, dass die Gesteinsbrocken vor 65 Millionen Jahren hier an Ort und Stelle entstanden sind und dass es sich nicht um Findlinge handelt, wie man ihrer Form nach auch vermuten könnte. Als ich dann vor dieser Felsansammlung stand, war ich doch überrascht über die Größe der einzelnen Felsblöcke mit einer Höhe von bis zu acht Metern, deren teils skurril anmutende Anordnung und über die Weitläufigkeit des Areals. Beim Begehen ergaben sich interessante Szenerien in Kombination mit den Bäumen, an denen ich mich kaum satt sehen konnte. Nur fotografieren ließ sich dieses mehrdimensionale Gebilde, das ganz treffend auch »Felsenburg« genannt wird, kaum. Es bleibt nur, es sich in natura anzuschauen und durch das Begehen zu erleben. Die Felsformation ist die größte im mittleren und südöstlichen Schwarzwald.

Dass wir heute den Günterfelsen erleben können, ist keineswegs selbstverständlich. Es war tatsächlich einmal geplant, das Areal, das damals nicht bewaldet war, als Steinbruch zu nutzen. Durch die Ausweisung als Naturschutzgebiet im Jahr 1956 blieb dieser besondere Ort jedoch der Nachwelt erhalten.

Informationen

Adresse: 78120 Furtwangen, Auf dem Brend bzw. Neuweg 11, Höhengasthaus Kolmenhof

Anreise mit öffentlichen Verkehrsmitteln: Donauquelle und Günterfelsen liegen weit abseits von größeren Ortschaften, sie sind von Bushaltestellen in Furtwangen aus zu Fuß erreichbar. Vom Bahnhof Triberg aus mit der Buslinie 7270 nach Furtwangen, Haltestelle Katzensteig Alte Schule oder Arche (an der Abzweigung von der B 500).

i www.furtwangen.de, www.simonswald.de, www.kolmenhof.de

Kandelmoor und Kandelfelsen

Auf dem Blocksberg des Schwarzwalds

Waldkirch

9 Der Besuch auf dem Kandel ist ein absolutes Muss bei einer Reise in den Schwarzwald.

Es gibt verschiedene Möglichkeiten, auf den 1.241 Meter hohen Kandel, den Hausberg von Waldkirch, zu gelangen: zu Fuß, mit dem Fahrrad, motorisiert oder sogar mit dem Bus. Hinunter gelangt man noch auf andere Weise: mit dem Drachen oder Gleitschirm oder auf Skiern. Es gibt nämlich eine halsbrecherisch steile Abfahrtspiste, die hinunter nach Waldkirch führt und früher Austragungsort von Skirennen war. Direkt neben dem Parkplatz an der Passhöhe liegt der Startplatz für die Gleitschirmflieger. Viele motorisierte Besucher stoppen bei ihrer Fahrt auf den

Auf dem Kandel gibt es viele Wandermöglichkeiten.

Blick vom Kandelmoor mit Heidekraut zur Kandelpyramide

Kandel vermutlich nur kurz und genießen lediglich den grandiosen Fernblick zum Kaiserstuhl und übers Rheintal hinüber zu den Vogesen und in südliche Richtung zur Alpenkette. Mich interessierten eher die Naturaspekte und die ruhigen Bereiche auf der Hochfläche. Zunächst das Naturdenkmal Kandelhochmoor, das sich auf einem Wiesenpfad umrunden lässt. Ich tastete mich barfuß über den weichen moorigen Grund und betrachtete bei dem Rundgang Borstgras, Teufelsabbiss und die vorbeiflatternden Schwalbenschwänze. Die Grenze zwischen den Gemeinden Waldkirch und Simonswald verläuft mitten durch das Hochmoor.

Auf der anderen Seite des stark frequentierten Parkplatzes lockt eine weitere Runde, nämlich zum Kandelfelsen. Der Pfad verläuft zunächst durch eine feuchte Senke mit Weidenröschen und Alpen-Milchlattich (den ich schon vom Feldberg kannte), quert die Skipiste und führt dann abwärts zu den wie aufgetürmt erscheinenden Kandelfelsen. An denen darf ausdrücklich geklettert werden, was ich aber nicht tat. Ich begnügte mich mit der Aussicht auf Kaiserstuhl, Tuniberg und Vogesen. Vom Kandelfelsen aus geht die Route weiter aufwärts Richtung Gipfel. Nach

Schmalblättriges Weidenröschen

dem anstrengenden Aufstieg legte ich eine Pause ein und sah den Schwalben hoch in den Lüften zu, im Wechsel mit den Schmetterlingen, die so rasch von Grasstängel zu Grasstängel flatterten, dass die Flügelzeichnung kaum zu erkennen war. Ich meine jedoch, Kaisermantel und Schwalbenschwanz identifiziert zu haben.

In der alten Sagenwelt taucht der Kandel als Hexentanzplatz auf. Er galt und gilt womöglich immer noch als »Blocksberg« des Schwarzwaldes. Diese Fantasie hat einen realen Hintergrund: Im unteren Elztal um Waldkirch war nämlich einer der Hauptschauplätze der Hexenverfolgung in Deutschland. Viele unschuldige, der Hexerei bezichtigte Frauen wurden hier auf grausame Weise ermordet. Die immer noch kursierenden Sagen erinnern an diese von der katholischen Kirche verübten grausamen Verbrechen. Alte Geschichten wie die folgende gaben der Hexenverfolgung Anschub. Bei der »großen Fastnacht« sollen einige hundert Hexen herbeifliegen, die meisten auf gesalbten Stöckchen, einige auch in mit Schimmeln bespannten Kutschen. Ehe die Hexen wieder abfahren, sollen sie rufen: »In tausend Teufels Namen!«

Nahrung bekam die Vorstellung vom Kandel als »Blocksberg« durch die Tatsache, dass der obere Teil des Kandelfelsens, die Teufelskanzel, in der Walpurgisnacht vom 30. April auf den 1. Mai 1981 abbrach. Überirdisches war bei diesem Geschehen sicher nicht im Spiel; der natürliche Prozess der Frostsprengung war wohl die Ursache.

Informationen

Adresse: 79183 Waldkirch, Kandel, Anfahrt über die L 186 (Schwarzwaldpanoramastraße)

Anreise mit öffentlichen Verkehrsmitteln: Die Buslinie 7205 fährt von St. Peter im Schwarzwald nach Kandel Rasthaus.

i www.waldkirch.de, www.kandelhof.de, www.simonswald.de

Limberg

Wo Rudolf von Habsburg geboren wurde

Sasbach

⑩ Allein schon wegen der Lage direkt am Rhein sind Sasbach und der Limberg mit der Limburg eine Reise wert. Der letzte Ausläufer des Kaiserstuhls reicht hier direkt bis an den Rhein heran. Eine Art Kaiserstuhl im Mini-Format, ebenfalls vulkanischen Ursprungs mit einem besonderen Gesteinsvorkommen. Und dazu eine reichhaltige Flora und Fauna, was weite Bereiche des Berges zum Naturschutzgebiet macht. Ein wissenschaftlicher Lehrpfad gibt die nötigen Informationen über die Geologie und die Besiedlungsgeschichte. Direkt daneben liegt

Westseite der Burgruine Limburg mit vielfältiger trockenheitsliebender Flora

Auf der Wacht: Blick über den Rhein und die Rheinebene zu den Vogesen

das kleinere Naturdenkmal Lützelberg mit der Litzelberger Kapelle. Heute wird auf der ebenen Hochfläche und am Osthang des Limbergs Weinbau betrieben. Auf der trockenen Westseite mit den steilen Hängen stockt Flaumeichenwald.

Die herausgehobene Lage machte den Höhenrücken schon früh zum Siedlungsort. Es finden sich Siedlungsspuren aus verschiedenen Zeitepochen, beginnend mit einer steinzeitlichen Befestigungsanlage der »Michelsberger Kultur«. Die Kelten errichteten einen Wall; auch die Römer waren hier. Im Frühmittelalter wurde an der Südspitze die Alte Limburg errichtet, im Hochmittelalter folgte dann die größere eigentliche Limburg, die als Ruine noch existiert und begehbar ist.

Angesichts der exponierten Lage mit Weitblick über die Rheinebene, zum Schwarzwald und zu den Vogesen ist völlig klar, dass die Limburg eine außerordentliche strategische Bedeutung für die jeweils Herrschenden hatte. Etliche bekannte Adelsgeschlechter gaben sich auf der Limburg offenbar die Klinke in die Hand: die Zähringer, die Habsburger, die Freiburger und die Grafen von Tübingen. Es ist sogar die

Rede davon, dass Rudolf von Habsburg auf der Burg geboren wurde. Aber das ist nicht belegt. Man kann sich also ausmalen, was sich hier über die Jahrhunderte abgespielt hat. Freundlich ging es vermutlich selten zu. Kein Wunder, denn die Burg diente der Überwachung des Rheinübergangs. Ab 1701 war die Limburg nur noch eine Ruine. Wahrscheinlich hatten Streitigkeiten zwischen den Habsburgern und dem Königreich Frankreich zu der Zerstörung geführt. Am Ende des Zweiten Weltkrieges wurde die Ruine bei Bombenangriffen weiter zerstört. Das Zollhaus unterhalb am Rheinufer zeugt noch von der wichtigen Funktion als Rhein- und gleichzeitig Grenzübergang.

Forscher gehen davon aus, dass es bereits den Kelten möglich war, an dieser Stelle den Rhein zu überqueren. Die Römer jedenfalls hatten nachweislich an dieser Stelle eine Holzbrücke über den Fluss gebaut.

Dies alles eingedenk genießt man den Blick über den Rhein, über den alten Flusslauf und über die Schifffahrtsstraße mit dem Wehr noch mehr und freut sich über die derzeit friedlichen Zeiten mit offenen Grenzübergängen. In nördliche und östliche Richtung öffnet sich der Blick auf die Rheinebene mit intensiv genutztem Kulturland mit Reben und Mais und mittendrin der Wyhler Baggersee mit seinem türkisblauen Wasser, der zum Schwimmen einlädt. Mir wurde bei diesem Anblick bewusst, dass es hier ganz anders aussähe, wenn in Wyhl das Kernkraftwerk errichtet worden wäre. Durch Proteste der Bevölkerung konnte der Bau verhindert werden. Ein Fanal! Hier am Kaiserstuhl startete vor annähernd einem halben Jahrhundert die Anti-Atomkraft-Bewegung.

Informationen

Adresse Limburg: 79361 Sasbach am Kaiserstuhl, Am Rhein 4 (Parkplatz am Rheinausleger), Aufgang zur Limburg
Adresse Lützelberg: 79361 Sasbach am Kaiserstuhl, Im Weingarten 10
Anreise mit öffentlichen Verkehrsmitteln: Sasbach am Kaiserstuhl ist mit der S-Bahn (S 5) von Breisach und von Riegel-Malterdingen erreichbar. Es gibt auch Busverbindungen.

Eichgasse

Das Brünnlein von Bickensohl und der Geizhals

Vogtsburg-Bickensohl

⓫ Der bekannteste Hohlweg des Kaiserstuhls ist wahrscheinlich die Eichgasse in Bickensohl. Sie zieht sich mit einigen Windungen vom Ortsrand von Bickensohl Richtung Totenkopf hinauf. Links am

Schattiger Aufstieg durch die Eichgasse auf die Höhen des Kaiserstuhls

Eingang zum Hohlweg schauen sogenannte Lösskindel aus der Wand. Diese Gebilde, bei denen es sich um verkalkte Baumwurzeln handelt, entstanden in der Nacheiszeit vor allem in Lössböden. In der Hohlweggasse steigt man zwischen Steilwänden mit bröselndem Löss, mit Höhlungen und Rutschungen nach oben. An dem sonnig-heißen Wandertag suchte ich auf der Schattenseite Schutz vor der Sonne, so wie die Weinbauern in früheren Zeiten. Berberitzensträucher, voll mit roten Beeren, hingen über den Weg. Die Vegetation in dem Kaiserstühler Hohlweg ist schütterer als die der Hohlwege im Kraichgau, wahrscheinlich bedingt durch die noch größere Trockenheit und Hitze, die am Kaiserstuhl herrscht. Hier wie dort sind Hohlwege Relikte einer alten Kulturlandschaft, in der sich Wege durch die pure Nutzung, durch Begehen und Befahren mit Karren ins weiche Lössgestein gekerbt haben. Durch die Erosionskraft des Wassers tieften sie sich weiter ins Gestein ein.

Von den von der Eichgasse abzweigenden Wegen ergeben sich immer wieder neue Ausblicke auf die Rebterrassen, auf die bewaldeten Gipfel und auf die Rheinebene, bis hinüber zu den Vogesen. Von den Aussichtspunkten oben scheint es, als wäre die Fläche des Kaiserstuhls fast vollständig von Reben bedeckt. Beim Blick von unten nach oben ergibt sich ein anderes Bild. Von hier aus schaut man auf ockerfarbene Lösswände oder steile bewachsene Böschungen. Das ist alles menschengemacht: Vor Jahrzehnten wurden im Zuge der großen Rebflurbereinigungen die Rebterrassen mit immensem technischem Aufwand und viel Erdbewegung angelegt, um größere zusammenhängende und ebenere Flächen zu schaffen und so die Bewirtschaftung zu vereinfachen. Die Vielfalt an Lebensräumen für Tiere und Pflanzen ging dabei stark zurück, doch die Weinberge im Kaiserstuhl sind immer noch sehr besondere Biotope, in denen teils seltene Arten vorkommen, wie beispielsweise der Bienenfresser. Dieser schillernd bunte Vogel baut seine Nisthöhle in senkrechte Lösswände. Im Kaiserstuhl gibt es das größte Vorkommen nördlich der Alpen. Nach dem Bienenfresser ist ein Wanderpfad benannt, der zu mehreren Hohlwegen führt. Zu Gesicht

Bei einem Abstecher von der Eichgasse blickt man über Rebterrassen zum Totenkopf.

bekam ich den Vogel leider nicht. Auch die Smaragdeidechse fühlt sich in den warmen Hohlwegen und an den Böschungen wohl. Und nicht zu vergessen sind die vielen Wildbienenarten, die in dem lockeren Lössgestein nisten.

Zum Kaiserstuhl als der wärmsten Gegend Deutschlands passt die Sage *Das Brünnlein zu Bickensohl*. Das Brünnlein gab nur spärlich

Wasser und das auch nur zu gewissen Zeiten, oft nach jahrelanger Pause. In alten Zeiten soll es aber einmal die wasserreichste Quelle weit und breit gewesen sein, von der sich viele Kaiserstühler Wasser holten. Dem einstigen Besitzer, einem reichen Geizhals, fiel jedoch auf einmal ein, von jedem, der Wasser holte, Geld zu verlangen. Alle schimpften über den herzlosen Mann, woraufhin es noch schlimmer kam. In einer Nacht schüttete er die Quelle mit Schutt, Erde und Holzstämmen zu. Als die Leute am Morgen zum Wasserholen kamen, fanden sie die Quelle verschüttet.

Berberitze

In der darauffolgenden Nacht brütete der Geizhals über neuen Plänen, wie er zu noch mehr Geld kommen könnte. Da vernahm er plötzlich hinter dem Haus, wo das Brünnlein stand, ein dumpfes Tosen und Rollen wie ein unterirdischer Donner. Gleich darauf krachte es furchtbar. Alles in seiner Stube fing an zu wanken, schließlich spaltete sich die Erde und verschlang das ganze Haus mitsamt dem Geizhals.

Die Leute befreiten das Brünnlein wieder von dem Schutt und fassten es neu. Ab jener Zeit aber sprudelte es nur dann reichlich, wenn eine Teuerung oder ein Missjahr bevorstand.

Ob wohl das in der Sage beschriebene Brünnlein existiert? Jedenfalls gibt es am hinteren Ende der Hohlgasse, die am Eingang zur Eichgasse vorbeiführt, neben einem lauschigen Rastplatz unter einer Linde einen Brunnen, aus dem erquickendes Wasser fließt. Da darf man sich ruhig einmal Gedanken über das kostbare Nass machen.

Informationen

Adresse: 79235 Vogtsburg am Kaiserstuhl-Bickensohl, Hohlgasse (Parken in der Ortsmitte)

Anreise mit öffentlichen Verkehrsmitteln: Vom S-Bahnhof Gottenheim gibt es Busverbindungen nach Bickensohl über Oberrotweil Linde.

i www.vogtsburg.de

Wolfsschlucht und Brudersloch

Wie ein Mönch aus Kieseln Gold machte

Kandern

⓬ Im Vergleich zum Hochschwarzwald bietet die Wolfsschlucht eine geologische Abwechslung: Weder Granit noch Gneis noch Buntsandstein steht in dieser südwestlichsten Ecke des Bundeslandes an, sondern Kalkstein, Ablagerungen des Jurameeres, das vor 160 Millionen Jahren das Land bedeckte. Eine Szenerie mit bemoosten Felsklötzen, Klüften, Spalten, Durchgängen, Durchblicken und Höhlungen. Die Wolfsschlucht verläuft an der Hangkante des Kandertales zwischen Kandern und Hammerstein. Die Bezeichnung »Schlucht« führt etwas in die Irre, denn es ist nicht das, was man sich üblicherweise darunter vorstellt. Die etwa 200 Meter lange »Schlucht« bildet keinen Taleinschnitt, sondern verläuft parallel zur Abbruchkante des westlich gelegenen Felsmassivs und führt kein Wasser mehr. Die Steinaufhäufungen sehen eher aus wie ein Felsenmeer. Der Schluchtwald mit Buchen, Eichen, Ahorn, Eschen und einzelnen Ulmen ist Schonwaldgebiet, in das forstwirtschaftlich nicht eingegriffen wird; die Bäume dürfen einfach wachsen.

Die Wolfsschlucht scheint gut besucht zu sein, zumindest schloss ich das aus den vielen Trampelpfaden, die durch die Felsenlandschaft führen. Mit mir waren an dem heißen Augusttag Familien mit Kindern unterwegs, die sichtlich ihre Freude am Entdecken, am Verstecken und am Klettern auf den Felsen hatten. Beim Begehen der Schlucht und bei der Fortsetzung des Wanderwegs Richtung Hammerstein sollte man gut zu Fuß sein; kinderwagentauglich ist die Strecke nicht. Übrigens führt der bei Wanderern bekannte Westweg von Pforzheim nach Basel durch die Wolfsschlucht; Basel ist von hier aus nur noch eine Tagestour entfernt.

Im Fortlauf des Wanderweges Richtung Basel liegt das Brudersloch. In dieser Höhle soll einmal ein Bruder, also ein Mönch gelebt haben, der der

Die schattige, wilde Wolfsschlucht präsentiert sich als großer Naturspielplatz.

Wohnliche Felsenhöhle Brudersloch

Felsgänge – ideal zum Versteckspielen

Sage zufolge immer ein Fläschchen bei sich hatte, mit dem er Kieselsteine in Gold verwandeln konnte. Er wurde verfolgt und um nicht gefasst zu werden, soll er, wie in der *Holzener Chronik* nachzulesen ist, sein Pferd umgekehrt beschlagen haben, so dass die Hufeisenspur in die entgegengesetzte Richtung weist. In Basel soll er dann doch gefangen genommen worden sein. Das Fläschchen habe er vorher noch in den Rhein werfen können.

Wer durch die Wolfsschlucht wandert, kann gewiss sein, auf den Spuren von August Macke zu wandeln. Kandern war für den Maler wie eine zweite Heimat, denn seine Schwester Auguste und seine Mutter lebten hier. Es gibt also viele biografische und künstlerische Beziehungen zwischen Macke und Kandern. Etwa zwanzig Ölgemälde, zahlreiche Zeichnungen und Aquarelle gingen aus seinen Aufenthalten in Kandern hervor. Die Wolfsschlucht verewigte er in seinem Werk *Motiv aus der Wolfsschlucht* von 1911.

Informationen

Adresse: 79400 Kandern, Parkplatz am Bahnhof in Kandern oder Startpunkt Böscherzenweg

Anreise mit öffentlichen Verkehrsmitteln: Mit der Buslinie 4 von Schliengen.

i www.kandern.de, www.markgraefler-land.com

Todtnauer oder Hangloch-Wasserfall

Auf Schatzsuche am Wasserfall

Todtnau

13 Da stand ich also vor dem »höchsten Natur-Wasserfall Deutschlands« und war beeindruckt von seiner Höhe und Breite und der gesamten Szenerie. Vor dem grauen Gesteinshintergrund fielen mir gelbe Farbtupfer ins Auge, die sich beim Herantreten als Gefleckte Gauklerblumen *(Mimulus guttatus)* zu erkennen gaben. Die Staude scheint sich im feuchten Wasserfall-Biotop wohl zu fühlen; sie wächst in großer Zahl aus den Felsspalten. Ich sah sie bei meinen Schwarzwaldexkursionen auch an anderen Orten, beispielsweise am Triberger Wasserfall und im Flussbett der Brigach in Villingen. Die Gelbe Gauklerblume stammt ursprünglich aus dem westlichen Nordamerika; sie ist also ein Neophyt und breitet sich in Europa entlang der Flussläufe aus. Sie gilt aber nicht als invasiv wie andere Arten, beispielsweise das Drüsige Springkraut.

Wie eigentlich alle Wasserfälle auf meinen Recherchefahrten war auch dieser frequentiert von Besuchern; einige wagten sich sogar in die Wasserbecken, andere ruhten am Rand auf bequemen Vitra-Liegen. Auch ich legte mich auf ein solches Möbel, schaute dem Spiel des Wassers zu und ließ mich von seinem Tosen einlullen. Auch durch das bewusste oder unbewusste Wahrnehmen von Geräuschen kommt man der Natur sehr nahe, wird in ihren Bann gezogen. Das Wahrnehmen von Geräuschen gehört für mich mit zum Naturerleben. Letztlich überstrahlte die Ursprünglichkeit der Natur alles Touristische.

Der Todtnauer Wasserfall steht im Ranking der höchsten Wasserfälle außerhalb der Alpen an zweiter Stelle. Von Todtnauberg (der Ort, in dem Martin Heidegger philosophierte) her kommend ergießt sich der Stübenbach aus einer Höhe von 935 Metern über dem Meeresspiegel über fünf Stufen insgesamt 97 Meter ins Tal. Die vorletzte Stufe fällt 60 Meter tief. Sie gilt als die bei weitem höchste Wasserfallstufe der deutschen Mittelgebirge.

Am Todtnauer Wasserfall kommt man dem tosenden Wasser sehr nah.

Sein zweiter Name Hangloch-Wasserfall gibt den Hinweis, dass es in der Umgebung einen alten Bergwerksstollen gibt. Silbererz wurde dort einst abgebaut. Auf dieses Silbererzvorkommen bezieht sich womöglich der Schatzstein. In den Steinblock mit diesem Namen in der Nähe des oberen Wasserfalls sind 15 eigenartige Zeichen eingemeißelt. Es wurde (und wird noch) gerätselt, was diese bedeuten. Handelt es sich um Runen, die auf einen keltischen Kultplatz hindeuten, oder um eine Karte, die zu einem Goldschatz führt? Eine verlockende Sage, die vor langer Zeit dubiose Schatzgräber in die Gegend lockte. Dass es sich tatsächlich um eine Schatzkarte handelt, wies eine Schülergruppe aus Schopfheim vor einigen Jahren nach. Womöglich kommt es ja noch einmal zu einem neuen Schatzgräberhype.

Gauklerblume

Vom Parkplatz am Kiosk ist der Wasserfall auf breitem Weg gut erreichbar. Am Kiosk wird Eintrittsgeld kassiert. Eine uralte Rot-Buche, eine Weidbuche, die leider nur noch eine Baumruine ist, steht oberhalb des Wegs. Links am Wasserfall entlang führt ein gut gesicherter Weg an das obere Ende der Wasserfälle und weiter nach Todtnauberg.

Martin Heideggers Hütte liegt am nördlichen Ortsrand von Todtnauberg. Sie ist nach wie vor im Besitz der Familie Heidegger und wird von ihr genutzt. Heideggers Verse, die auf der dort angebrachten Informationstafel stehen, passen auch zum Wasserfall: »Wälder lagern / Bäche stürzen / Felsen dauern / Regen rinnt / Fluren warten / Brunnen quellen / Winde wohnen / Segen rinnt«.

Informationen

Adresse: 79674 Todtnau, Parkmöglichkeiten am Ortsende von Aftersteg an der L 126 beim Kiosk am Wasserfall und in Todtnauberg an der Kurhausstraße.

Anreise mit öffentlichen Verkehrsmitteln: Die nächstgelegenen Bushaltestellen sind in Aftersteg und in Todtnauberg Hangloch.

i www.todtnau.de, www.hochschwarzwald.de

Gauklerblumen in den Spalten des Wasserfalls sind zum Greifen nah.

Feldsee

Verbannungsort für böse Geister und Gespenster

Feldberg

⓮ Von Todtnau im oberen Wiesental aus sind es nur ein paar Kilometer bis zum Feldberg. Die Fahrt führt durch alpin anmutende Landschaft mit dem wuchtig aufragenden 1.358 Meter hohen Grat des Silberbergs hinauf zum Feldberg-Massiv, der höchsten Erhebung im Schwarzwald. Besucher treffen dort auf viel touristische Infrastruktur inklusive Parkhaus, Hotel-Komplexen, Klimbim-Läden, Seilbahnstationen und, ja, dem Haus der Natur. Hinter diesen Bauwerken tut sich dann auf dem Wanderweg zum Feldsee eine ruhigere Szenerie auf.

Gleich am Einstieg zum Wanderweg fiel mir eine besondere Pflanze auf, ein großer Bestand des Alpen-Milchlattich *(Cicerbita alpina)*, der in deutschen Mittelgebirgen nur zerstreut vorkommt. Grauer Alpendost, Blauer und Gelber Eisenhut, Greiskraut und Türkenbundlilie säumen

Der hoch gelegene Feldsee ist umgeben von bewaldeten Steilhängen.

Extensive Beweidung mit Galloway-Rindern

den weiteren Verlauf des Weges. Der Wald am Rand des Feldseekars ist Bannwald. In ihm bildet sich ein naturnaher Baumbestand mit Fichten, Tannen, Rot-Buchen und Berg-Ahorn heran. Tote Bäume dürfen hier stehen bleiben. In Serpentinen führt der stark abschüssige, teils felsige Weg nach unten an den See, der nach etwa einer Viertelstunde Gehzeit zwischen den Tannen aufblitzt. In der warmen Nachmittagssonne lag er freundlich, ja geradezu einladend da. Da mochte ich gar nicht glauben, dass es am Rand dieses dreißig Meter tiefen Karsees schwere Felsabstürze geben kann.

Auf der gegenüberliegenden Seite des Sees weidet im Sommer eine Herde Gallowayrinder – ein malerisches Bild. Die Tiere sind ideal für extensive Weidebewirtschaftung, da sie den Sommer über draußen bleiben und nur den Winter auf dem talabwärts gelegenen Raimartihof verbringen. Ein Rundweg führt ufernah um den See. Wegen des Vorkommens des seltenen Unterwasserfarns Stachelsporiges Brachsenkraut *(Isoëtes echinospora)*, der außer im Feldsee nur noch im Titisee vorkommt, ist das Baden im See nicht erlaubt. Durch die Einbettung des Sees zwischen den bewaldeten Karwänden wirkt alles sehr grün. Davon heben sich die blauen Blüten der Sibirischen Schwertlilie *(Iris sibirica)* ab. Die schöne Staude bildet im hinteren Seebereich am Rande der Weidefläche einen großen Bestand. Nach dem Umrunden folgt der schweißtreibende Wiederaufstieg zum Ausgangspunkt oben am Berg.

Der Feldsee ist der höchstgelegene Karsee im Schwarzwald, auf drei Seiten umgeben von steilen Felsabbrüchen, die so fast einen Trichter bilden. Über ihn werden viele Sagen erzählt, beispielsweise dass in ihn früher Geister und Gespenster gebannt worden seien. Zu den in den Feldsee gebannten Geistern zählen der Sage nach auch drei Geistliche aus dem

Sibirische Schwertlilie

nahen Kloster in St. Blasien. Der Fürstabt und zwei Mönche gingen nach ihrem Tode im Kloster um – als Strafe für unbarmherziges Unterdrücken der Untertanen. Das störte wohl die dort lebenden Mönche und diese beauftragten einen besonders frommen Kapuziner-Pater damit, die Geister fortzuschaffen. Dieser beschwor die Geister in Säcke und trug sie zusammen mit zwei anderen Männern auf den Feldberg. Oben angekommen traten sie rückwärts an den dem Feldsee zugewandten Rand und warfen, ohne sich umzuschauen, die Säcke hinab. So bannten sie die Geister in den Feldsee und dessen nächste Umgebung, wo sie sich in den »heiligen Zeiten« öfters zeigen – fischend im See oder in Jagdkleidung im Wald. Sie sollen eine Gesichtshaut wie aus Tannenrinde haben, wie ein Löffelschnitzer aus Menzenschwand gesehen haben will. Drei anderen Männern aus Menzenschwand, die am Vorabend des Christtages über den Feldberg gingen, kamen die Mönche auf Kohlrappen entgegengeritten. Sie trugen schwarze Kutten, hatten aber keinen Kopf. Sie sprengten eine Zeitlang neben den Männern her und riefen beständig: »Unrechtes Gut, du hast uns betrogen!« Erst an einem Kreuzweg verschwanden sie.

An meinem Exkursionstag zum Feldberg spürte ich von alledem nichts. Doch wer weiß, vielleicht hätte mich das Grauen gepackt, wenn ich in den Raunächten oder bei Nebel hier um den Feldberg unterwegs gewesen wäre.

Informationen

Adresse: 79868 Feldberg, Haus der Natur, Dr.-Pilet-Spur 4 (Parkmöglichkeit im Saba Parkhaus)

Anreise mit öffentlichen Verkehrsmitteln: Etliche Buslinien fahren bis zum Feldberg. Der Feldsee ist nur zu Fuß erreichbar – entweder vom Haus der Natur aus oder vom Wanderparkplatz Kunzenmoos, wobei der Weg über den Raimartihof führt.

i www.haus-der-natur-feldberg.de, www.naz-feldberg.de
www.hochschwarzwald.de

Ursee und Windgfällweiher

Wie die Ochsen im Ursee verschwanden

Lenzkirch

⓯ Sagen werden auch vom Ursee bei Lenzkirch erzählt, der in der Nähe des Feldberggebiets zwischen Lenzkirch und dem Weiler Raitenbuch liegt. Heute ist von dem ehemals größeren See nur noch eine kleine Fläche übrig. Der große Rest ist Großseggen- und Moorgebiet. Mit braunem Wasser gefüllte Gräben durchziehen das Hochmoor. Durch die verschiedenen Grün- und Brauntöne der Vegetation bietet sich eine äußerst reizvolle Szenerie. Das Gebiet um den See wurde wegen seiner seltenen Flora und Fauna bereits 1940 als Naturschutzgebiet ausgewiesen. Bemerkenswerte Tiere sind die Wasseramsel und die Kreuzotter. Der Urseebach mündet in die Haslach, einen der Quellbäche der Wutach.

Im Gebiet um den weitgehend verlandeten Ursee sind viele Sagen verortet.

Unergründlich soll das Moor des Ursees sein.

Vor langer Zeit soll sich am Ursee Folgendes zugetragen haben: Ein Bauer pflügte am Rand des Sees mit einem Joch Ochsen, wobei der kleine Sohn die Ochsen antrieb. Die Ochsen wurden jedoch störrisch und wollten nicht weiter. Da sprach der Bauer den Fluch: »Wenn Euch nur der Teufel holen täte!« Gleich darauf zogen die Ochsen an und liefen schnurstracks ins Wasser. Der Sohn konnte sich gerade davor retten, mitgerissen zu werden. Das Gespann ging unter, es war nichts mehr davon zu sehen. Nach einigen Jahren wurde plötzlich das Jochholz im nahen Titisee ans Ufer geschwemmt. Dies wurde als »Beweis« gesehen, dass zwischen dem Ursee und dem Titisee eine Verbindung besteht.

Es ist auch die Rede davon, dass Hexen ihren Tummelplatz am Ursee haben. Hier seien sie mit dem Leibhaftigen zusammengekommen und hätten gemeinsam mit ihm überlegt, was sie mit den Höfen in der Nachbarschaft anstellen wollten. Auch der »Tabaksbue« treibe in der Nähe sein neckendes Wesen; er soll einst Grenzsteine versetzt haben.

Nach dem Erkunden des Urseetales mit seiner vielfältigen Vegetation, mit reichlich Blauem Eisenhut und Fingerhüten, lockt der nahe Windgfällweiher zum Baden. Ein künstlich aufgestauter Weiher, der so perfekt

Der Windgfällweiher lockt zu Badevergnügen im Hochschwarzwald.

in die Nadelwaldumgebung eingepasst ist, dass er wie natürlich entstanden aussieht. Er lässt sich auf einem angenehm zu gehenden Fußpfad umrunden. Der südliche Teil des Areals ist als flächenhaftes Naturdenkmal ausgewiesen. Direkt am Ostufer führt die Schienentrasse der Schluchseebahn vorbei. Die Endstation ist nur wenige Kilometer entfernt in Seebrugg, direkt gegenüber der Staumauer des Schluchsees.

Wasserwirtschaftlich betrachtet ist das alles hochinteressant: Die drei dicht beieinander liegenden Gewässer Titisee, Windgfällweiher und Schluchsee stehen tatsächlich miteinander in Verbindung. Um dem Schluchsee das nötige Wasser für den Aufstau (und damit zur Energiegewinnung) zuzuführen, wurde der ursprünglich nach Norden entwässernde Windgfällweiher so umgerüstet, dass sein Wasser seit 1931 über den Kanal Windgefällbach dem südlich gelegenen Schluchsee zufließt. Zusätzlich werden dem Seebach, der den Titisee speist, und der Haslach Wasser abgezapft und in einem teilweise überdeckten Kanal, dem Hanglochkanal, dem Schluchsee zugeleitet.

Wenn man also weiß, dass die ursprüngliche Hauptentwässerungsrichtung der Gegend um den Windgfällweiher nach Norden, also Richtung Titisee war, hat die oben erzählte Sage doch einen wahren Kern. Das

Wasser sucht sicher zusätzlich in unterirdischen Klüften seinen Weg. Bei einem großen Gegenstand wie dem Jochholz eines Ochsen ist dies allerdings kaum vorstellbar.

Informationen

Adresse: 79853 Lenzkirch, Raitenbucher Straße
Der Ursee liegt in einer Art Hochtal zwischen Lenzkirch und Raitenbuch; auf der an ihm entlangführenden Landstraße gelangt man über eine kleine Passhöhe zum Windgfällweiher und an ihm vorbei zur B 500.
Anreise mit öffentlichen Verkehrsmitteln: Der Windgfällweiher ist mit der Bahn erreichbar. Ausstiegsmöglichkeiten auf der Schluchseestrecke sind die Haltestellen Altglashütten (Gemeinde Feldberg) oder Aha.

Der südliche, wilde Teil des Weihers ist als Naturdenkmal ausgewiesen.

Lotenbachklamm und Wutachschlucht

Unterwegs im größten Canyon Deutschlands

Bonndorf im Schwarzwald

16 Die Lotenbachklamm ist ein rechtes Seitental der von Lenzkirch her kommenden Wutachschlucht; sie zweigt etwas oberhalb der Schattenmühle ab und befindet sich noch im oberen Bereich der Wutachschlucht, die ins Grundgebirge eingekerbt ist. Hier wechseln sich Gneise und Granite ab, die aufgrund ihrer etwas unterschiedlichen Härte zu verschieden weiten Schluchtabschnitten führen. Die nur etwa einen Kilometer lange Klamm führt bis auf die Hochfläche bei Gündelwangen. Bei einer Höhendifferenz von etwa 200 Metern auf der kurzen Strecke hat sie also ein starkes Gefälle. Mächtige Wasserkräfte waren bei ihrer Ausformung am Werk und sind es bis heute. Holzstämme liegen kreuz und quer über dem schmalen Bachbett. Eine Klamm wie im Gebirge!

Steile Felswände, große Felsblöcke im Bachbett und Wasserfälle prägen diese Schlucht. Der Lotenbach stürzt über mehrere Wasserfallstufen metertief in große ausgekolkte Becken, um nach kurzer Fließstrecke die nächste Wasserfallkante zu überwinden. Die ganze Schlucht ist kühl und feucht, überall gibt es kleine Quellen und Seitenrinnsale. Ein Nebenbach bildet sogar eine zwanzig Meter hohe Wasserfallstufe. Kurzum, eine wilde malerische Schlucht, die durch schmale Pfade, über Brücken und Treppen gut zugänglich ist. Bei feuchtem Grund besteht allerdings Rutschgefahr, wie ich bei meiner Wanderung zu spüren bekam. Die Warnung am Eingang der Klamm mit dem Hinweis auf mögliche Bergnotrettung ist also gerechtfertigt. Beim Wandern in der Klamm ist daher festes Schuhwerk ratsam. Da Schlucht und Klamm bestens mit dem Auto erreichbar sind, versteigen sich hier wohl immer mal Leute mit unpassendem Schuhwerk.

Das Wasser bahnt sich in der Lotenbachklamm rasch den Weg zur Wutach.

Unterhalb der Schattenmühle tritt die Wutach in die Gesteinsschicht des Buntsandsteins. Sie durchfließt auf ihrem Lauf zum Rhein nacheinander alle Gesteinsschichten des südwestdeutschen Schichtstufenlandes; nach dem Buntsandstein folgen die Muschelkalkschichten, die hier teils in hohen Steilwänden anstehen. Wer die Wutachschlucht auf langer Strecke durchwandert, bekommt so alle Gesteinsschichten zu sehen und nimmt in natura einen Grundkurs in Geologie. Aber nicht nur die Gesteine machen die Wutachschlucht so abwechslungsreich, sondern auch Flora und Fauna mit jeweils großem Artenreichtum. Wanderer haben die Chance, auf Feuersalamander, Faulrüssler, Haarschnecken oder Blauflügel-Prachtlibellen zu stoßen. Bei der Pflanzenwelt fallen Märzenbecher, Silberblatt, Pestwurz, Blauer Eisenhut und Hirschzungenfarn besonders auf.

Die Wutachschlucht, die auch als größter Canyon Deutschlands bezeichnet bzw. vermarktet wird, wurde wegen ihrer landschaftsgeschichtlichen und geologischen Besonderheiten sowie ihrer artenreichen Tier- und Pflanzenwelt bereits 1939 als Naturschutzgebiet ausgewiesen; zudem liegt sie im Naturpark Südschwarzwald.

Die Wutachschlucht ist ein Eldorado für Pflanzen wie die Pestwurz.

Steine zum Bauen von Männchen gibt es in der Lotenbachklamm genug.

Wer heute in der Wutachschlucht wandert, kann sich kaum vorstellen, dass wenige Kilometer talabwärts der Schattenmühle einmal ein mondänes Kurbad existierte, unterhalb vom Bonndorfer Teilort Boll. Grund dafür war eine heilkräftige Quelle, die für Trink- und Badekuren bei Muskel- und Gelenkleiden eingesetzt wurde. Deswegen trug der Ort das Prädikat »Bad«. Seine Blütezeit erlebte Bad Boll zwischen 1894 und 1913, als ein Londoner Fishing-Club Besitzer war. Die Engländer hatten sich den Ort ausgesucht, weil er seinerzeit als das beste Forellengewässer Deutschlands galt. (Das Ortswappen von Boll ziert eine Forelle.) Illustre Gäste aus der ganzen Welt kamen daraufhin nach Bad Boll, sogar Winston Churchill soll in jungen Jahren hier gekurt haben. Die Engländer sollen auch für den Ausbau der Wanderwege in der Schlucht gesorgt haben.

Im 20. Jahrhundert wechselten Besitzer und Nutzungen. Dann brannte das Hauptgebäude nieder, und das Land Baden-Württemberg als Besitzer ließ die verfallenen Gebäude 1992/93 abreißen, lediglich die Kapelle blieb stehen und Reste des einstigen Kurparks existieren noch. Schade, denn mit den Gebäuden droht die Erinnerung an den gesamten Ort verloren zu gehen. Genügend Stoff für Sagen und Mythen der Zukunft!

Informationen

Adresse: 79848 Bonndorf, Parkmöglichkeit auf dem Wanderparkplatz Lotenbachklamm an der B 315 oder auf dem stark frequentierten Wanderparkplatz Wutachschlucht an der L 170 unweit der Schattenmühle. Übrigens ist die Schlucht für Radfahrer und Mountainbiker verboten. Für Kinderwagen ist sie nicht geeignet und das Begehen im Winter wird nicht empfohlen.

Anreise mit öffentlichen Verkehrsmitteln: Der nächstgelegene Bahnhof ist in Löffingen. Bei Anreise mit dem Bus an der Haltestelle der Buslinie 7258 (Bonndorf–Neustadt) Gündelwangen Lothenbachklamm aussteigen. Zwischen den Parkplätzen und Einstiegen in den Schluchtensteig verkehrt während der Saison ein Wanderbus.

i www.wutachschlucht.de, www.schluchtensteig.de, www.bonndorf.de

Donauquelle und Donauursprung

Von der Baar zum Schwarzen Meer

Donaueschingen

⑰ Donaueschingen ist nicht nur wegen seiner Musiktage sehr bekannt, sondern auch wegen der historischen Donauquelle. Sie liegt mitten im Ort, zwischen Stadtkirche und Schloss. So erzählt man sich zumindest, seitdem der römische Feldherr und spätere Kaiser Tiberius im Jahr 15 v. Chr. die Quellen der Donau fand. In alten Chroniken und kartografischen Werken wird dieser Quelltopf in Donaueschingen als Ursprung der Donau genannt.

Aber die Geografen wissen es schon lange besser: Die hydrologisch korrekte Donauquelle ist die Quelle der Breg weiter oben im Schwarzwald auf 1.078 Meter Höhe (siehe Seite 39). Hier in Donaueschingen befindet sich eine der sogenannten Karstaufstoßquellen, bei der

Die historische Donauquelle im Fürstlichen Park in Donaueschingen

Über den Donautempel ergießt sich das Wasser des Donaubachs in die Brigach.

versickertes Wasser aus dem Schwarzwald zu Tage tritt. Das sprudelnde Quellwasser fließt in kurzem Lauf als Donaubach der Brigach zu. An ihrem Auslauf wurde im Jahr 1910 ein »Donautempel« errichtet.

Etwas östlich des Schlossparks fließen die beiden Quellflüsse Brigach und Breg zusammen und vereinigen sich zur Donau. Wie auch immer, der Ursprung der Donau hat immer etwas mit Donaueschingen zu tun. Die Donau ist mit einer Länge von 2.857 Kilometern nach der Wolga der zweitlängste Fluss Europas. Von der Donauquelle in Donaueschingen aus berechnet sind es dagegen nur 2.810 Kilometer bis zur Mündung ins Schwarze Meer.

Man darf sich unter der Donauquelle jedoch keinen idyllischen Naturflecken vorstellen. Sie ist vielmehr architektonisch gefasst, als Bauwerk mit rundem, gemauertem Quellbecken und gusseiserner Balustrade inszeniert. Fürst Karl Egon III. zu Fürstenberg ließ dieses Bauwerk 1875 errichten. Eine Skulpturengruppe von Adolf Herr mit dem Titel *Die Baar deutet ihrer jungen Tochter, der Donau, den Weg in die Ferne*, kam 1896 dazu. Die Anlage wurde von 2013 bis 2015 umfassend saniert. Der Zugang ist nur von der oberhalb gelegenen Fürstenbergstraße aus über eine Treppe oder über einen Fahrstuhl möglich, nicht vom Schlosspark aus, in dessen nordwestlicher Ecke sie sich befindet.

Dem besonderen Reiz des Wassers im gefassten Quellbecken kann man sich kaum entziehen: Luftperlen steigen im klaren Wasser aus karstigem Grund auf. Ob da unten Nixen auf eine Gelegenheit warten, Besucher in unterirdische Märchenwelten hineinzuziehen?

Der Schlosspark, der offiziell »Fürstlich Fürstenbergische Parkanlage« heißt, wurde um 1820 im französischen und englischen Stil angelegt. Der Teil direkt am Schloss ist nicht für die Öffentlichkeit zugänglich. Der größere Teil südlich der Brigach, die den Park durchfließt, hat etliche Zugänge und ist durch ein Wegenetz gut erschlossen. Auch der viel befahrene Donau-Radweg führt mitten hindurch. Der stadtnahe Zugang befindet sich am Museum Art.Plus.

Vom Park aus gelangt man rasch zum sogenannten Donauursprung, dem Zusammenfluss von Brigach und Breg. 2020/21 wurde und wird der Bereich naturnah umgestaltet, mit dem Ziel den Donauursprung für Besucher besser erlebbar zu machen. Im Zuge des Projekts verlängert sich die Donau sogar um 300 Meter.

Informationen

Adresse Donauquelle: Fürstenbergstraße 2, 79166 Donaueschingen
Anreise mit öffentlichen Verkehrsmitteln: Donaueschingen ist eine Bahnstation. Der Fußweg vom Bahnhof bis zum Naturdenkmal Donauquelle ist etwa einen Kilometer lang.

Magdaleneneiche und Großgrabhügel auf dem Magdalenenberg

Neben dem »Schwarzwälder Stonehenge«

Villingen-Schwenningen, Villingen

18 Die Magdaleneneiche oder Magdalenenbergeiche in der Nähe von Villingen ist unbedingt einen Besuch wert. Sie steht in exponierter Lage in etwa 740 Meter Höhe neben einem der größten hallstattzeitlichen Grabhügel Mitteleuropas mit einem Durchmesser von circa 100 Metern. Die knapp 20 Meter hohe Stiel-Eiche *(Quercus robur)* wird auf ein Alter von rund 280 Jahren geschätzt. Der Stamm ist von einem hohen Eisengitter umgeben. Nach meinem Besuch im Juni 2020 wurden, wie ich einer Pressemeldung entnehme, Baumstämme als Sitzmöglichkeiten aufgestellt.

Die Magdaleneneiche wölbt ihre runde Krone vor dem Großgrabhügel.

So liegen Eiche und Großgrabhügel in der Landschaft der Baar.

Auf die Magdaleneneiche wurde ich durch die Beschreibung von Hans Joachim Fröhlich in seinem Buch *Wege zu alten Bäumen* aufmerksam. Er schreibt über die »Eiche am Fürstengrab bei Villingen«: »Die Eiche ist groß, mächtig, vollkronig und einfach schön, so wie man sich einen Eichbaum in der freien Landschaft vorstellt. Er verkörpert eine lange Geschichte, er belebt die Landschaft, auch wenn sie wie hier am Magdalenenbergle noch so ausgeräumt ist und intensiv genutzt wird.«

Als der unmittelbar daneben liegende große Grabhügel im 7. Jahrhundert v. Chr. aufgeschichtet wurde, stand die Eiche noch nicht. Eine Beziehung gibt es dennoch, denn im Inneren des Grabhügels fanden Archäologen behauene Eichenstämme, die als Grundkonstruktion einer Grabkammer verbaut wurden. Durch die Methode der Dendrochronologie konnte das Einschlagsdatum der Eichenstämme sehr genau auf das Jahr 616 v. Chr. datiert werden. Um diese hölzerne Grabkammer wurden Steine aufgeschichtet und Erde darauf geschüttet. Schon bald danach machten sich Räuber an der zentralen Grabkammer zu schaffen. Wann das war, ließ sich ebenfalls mit Methoden der Dendrochronologie bestimmen, wobei man die hölzernen Spaten aus Eichen- und Tannenholz, die im Grab zurückgelassen worden waren, untersuchte. Das war, Fröhlich zufolge, in den Jahren 540 und 393 v. Chr. Archäologen untersuchten den hallstattzeitlichen Grabhügel in den Jahren 1970

Echter Kümmel

bis 1973 und legten dabei neben der zentralen Grabkammer eines Fürsten, die weitgehend leer geräumt war, weitere 126 Gräber mit reichen Beigaben frei. Ein Bernstein-Collier kam dabei zu Tage. Es ist neben vielen Alltagsgegenständen im Franziskanermuseum in Villingen-Schwenningen ausgestellt. Dort befindet sich auch die aus dem Grabhügel geborgene hölzerne Grabkammer mit den Maßen 8 x 6,5 Meter. Ein ausgeschilderter Wanderweg – der »Keltenpfad« – verbindet das Museum mit dem Grabhügel. Im Gelände rund um den Hügel sind Informationstafeln aufgestellt, die über den archäologischen Forschungsstand aufklären. Der Grabhügel ging im Jahr 2011 wegen neuer spektakulärer Forschungsergebnisse, die eine Ausrichtung der Gräber nach dem Mond und nach nördlichen Sternbildern vermuten lassen, als »Schwarzwälder Stonehenge« durch die Presse.

Südwestlich von Magdaleneneiche und Grabhügel befindet sich das 23 Hektar große Naturschutzgebiet Tannhörnle. Es handelt sich hierbei um eine Huteweide, die aus jahrhundertelanger extensiver Beweidung hervorgegangen ist. Alte Huteeichen, Kiefern- und Fichtengruppen und Gebüsch stehen über sehr artenreichen Rasenflächen, auf denen Frühlingsenzian, Knabenkräuter und Teufelsabbiss das Jahr über farbliche Akzente setzen. Angelockt von den Blüten flattern hier viele Schmetterlingsarten, beispielsweise Bläulinge, herum.

Informationen

Adresse: 78052 Villingen-Schwenningen, Parkmöglichkeit am Junghansspielplatz an der Roggenbachstraße

Anreise mit öffentlichen Verkehrsmitteln: Vom Bahnhof Villingen sind es zu Fuß knapp drei Kilometer bis zur Magdaleneneiche. Der Weg führt zunächst entlang der renaturierten Brigach und dann in südwestliche Richtung zum Magdalenenberg.

Schwenninger Moos und Neckarursprung

Im Zentrum der Europäischen Hauptwasserscheide

Villingen-Schwenningen, Schwenningen

(19) Bei meinen Exkursionen für diesen Naturdenkmalführer bewegte ich mich häufig über die Europäische Hauptwasserscheide, also zwischen den Einzugsgebieten von Rhein und Donau. So tat ich es auch auf dieser Exkursion im Raum Villingen-Schwenningen. Die Doppelstadt ist eine eigenartige verwaltungstechnische Konstruktion mit viel Gegensätzlichem zwischen den beiden Stadtteilen: das badische Villingen an der Brigach, einem Quellfluss der Donau, und das württembergische Schwenningen am Ursprung des Neckar gelegen. Nicht nur die (historische) Grenze zwischen Baden und Württemberg verläuft durchs Stadtgebiet, sondern auch die Europäische Hauptwasserscheide.

Ein Schild weist das Schwenninger Moos als Ursprung des Neckars aus.

Flora im Moos: Rohrkolben, Flatter-Binsen und Bittersüßer Nachtschatten

Bei meiner Bahnfahrt von einem Stadtteil in den anderen bemerkte ich, dass es über einen kleinen Sattel im Gelände, über eine Mini-Passhöhe, geht. Nach Westen senkt sich die Strecke Richtung Donau, nach Osten Richtung Neckar. Die Wasserscheide zieht sich mitten durch das Schwenninger Moos; der südliche Teil entwässert nämlich über den Marbacher Talbach in die Brigach, die sich mit der Breg zur Donau vereint, und der nördliche Teil entwässert als Neckar nach Norden und fließt dem Rhein zu.

So zog es mich auch hier an die Quelle, genauer an den Ursprung im Schwenninger Moos, denn eine aus dem Untergrund sprudelnde Quelle ist nicht zu sehen. Ich wollte sehen und körperlich erleben, wo der Neckar entspringt. Das Schwenninger Moos ist mit der Bahn sehr gut über die Haltestelle »Eisstadion« zu erreichen. Von hier aus folgte ich der Ausschilderung »Schwenninger Moos«. Der Weg führt durch eine Bachniederung, die ich als »jungen Neckar« identifizierte, an einem Teich (das Regenrückhaltebecken Bauchenberg) vorbei und über das Gelände eines Reiterhofes zum Moosweiher.

Dieser präsentiert sich als von Rohrkolben umgebene Wasserfläche, an deren Rand ein Holzsteg vorbeiführt – ganz ähnlich wie am Federsee (siehe Seite 153), nur kleiner dimensioniert. In Ufernähe umgefallene Holzstämme, Bulten von Flatter-Binsen im schwarz schimmernden moorigen Gewässer. Birken hie und da. Und irgendwo in diesem flachen, sumpfigen Gewässer entspringt die Quelle, genau lokalisieren konnte ich sie nicht. Ich verließ mich auf das hölzerne Schild, das aus der Wasserfläche ragt und angibt, dass hier der »Neckarursprung« sei. Es kann ja gar nicht anders sein, denn der Auslauf des Schwenninger Mooses in nördliche Richtung erweitert sich zu einem Bach und schließlich zu einem Fluss. Mir gefällt die Vorstellung, dass Nixen in den Tiefen der Quelle und im Moos schwimmen. Schließlich haben die Wörter »Nixe« und »Neckar« denselben Wortursprung, nämlich »nickes« – die mittelhochdeutsche Bezeichnung für ein badendes oder im Wasser plantschendes Wesen.

Im Schwenninger Moos wurde bis in die 1930er Jahre und auch danach noch Torf abgebaut. Durch Anstau von Wasser und andere Renaturierungsmaßnahmen bekam es sein heutiges Aussehen. Beim Naturschutzgebiet Schwenninger Moos sowie beim angrenzenden Naturdenkmal Kugelmoos handelt es sich größtenteils um abgetorfte Übergangsmoore, in denen sich verheidete Flächen mit Birken-Moorwald und Grauweiden-Gebüsch abwechseln.

Genau an dieser Stelle auf 705 Meter über Meereshöhe beginnt also der 362 Kilometer lange Neckar seinen stark mäandernden Lauf durch Rottweil und Rottenburg, durch Tübingen und Esslingen, durch Bad Cannstadt und Ludwigsburg, durch Heilbronn und Heidelberg, bis er schließlich in Mannheim in den Rhein mündet. Ab Plochingen ist er schiffbar. Nach Länge und Wasserführung ist er der zwölftgrößte Fluss Deutschlands. Etliche direkt am Neckar liegende Naturdenkmale beschreibe ich im ersten Band von *Sagenhafte Naturdenkmale in Baden-Württemberg*.

Eigens zur Landesgartenschau Villingen-Schwenningen im Jahr 2010 wurde die erste Strecke des Neckars aus ihrer Verdolung befreit

Perfekte Landschaftsinszenierung im Schwenninger Moos

und fließt jetzt wieder im künstlich geschaffenen Bett durch das Gelände des Stadtparks Möglingshöhe, der Teil des Gartenschaugeländes war. Im Park steht das Denkmal der historischen Neckarquelle.

Informationen

Adresse: 78056 Villingen-Schwenningen, Moos, Parkmöglichkeit auf dem Parkplatz Eisstadion oder auf dem BSW Parkplatz
Anreise mit öffentlichen Verkehrsmitteln: Von der Bahnhaltestelle »Villingen-Schwenningen Eisstadion« ist es ein guter halber Kilometer zu Fuß bis zum Schwenninger Moos.

Hohenkrähen

Wo der »Poppele« seinen Schabernack treibt

Hilzingen-Duchtlingen

⓴ Der Hohenkrähen ist nicht so bekannt wie der benachbarte Hohentwiel, der Hausberg von Singen; aber er ist markanter, mit einer kleinen Anstrengung gut zu besteigen und zudem frei zugänglich.

Fit und beweglich sollte man fürs Erklettern des schroff aufragenden Vulkanschlots aus Phonolit schon sein. Der Aufstieg auf steilem, steinigem Pfad über die Vorburg zur Hauptburg und zum baumbestandenen Gipfelplateau auf 644 Meter Höhe wird mit herrlicher Fernsicht über den Hegau belohnt. Geologisch und botanisch ist der Hohenkrähen hochinteressant; seit 1983 ist ein zwölf Hektar großes Gelände als Naturschutzgebiet ausgewiesen. Bemerkenswert ist ein alter Lindenbestand.

Blick von der Burgruine auf dem Hohenkrähen zum Hohentwiel

Um den Hohenkrähen und seine Burg, deren Ursprung auf etwa 1180 bis 1190 datiert wird, spielte sich bis zur Zerstörung im 17. Jahrhundert viel Kriegerisches ab. Im Hegau und darüber hinaus ist der Hohenkrähen aber vor allem wegen eines neckenden Burggespenstes bekannt, das hier sein Unwesen treibt und »Poppele vom Hohenkrähen« genannt wird. Eine reale Figur, Johann Christoph Poppelius Mayer, der Schirmvogt einer verwitweten Freiin von Hohenkrähen, steht dahinter. Von Gestalt war er zwar klein und schwächlich, dabei doch wild und unbändig und ein großer Freund von einem guten Trunke, wie es im *Badischen Sagenbuch I* von 1846 nachzulesen ist. Weiter heißt es dort: »Einst spät in der Nacht sprach ein vorbeireisender Abt mit seinem Gefolge auf Hohenkrähen ein und bat um ein Abendbrot und ein Nachtlager. Freundlich hieß ihn Poppelius willkommen; sie setzten sich zur Tafel und waren fröhlich und guter Dinge. Der Becher, und mit ihm Scherz und Witz, machte wacker die Runde, bis endlich der zu reichlich genossene Wein Zank und Hader veranlasste. Auf einen groben Spaß des Schirmvogtes erwiderte der Abt, er solle sich doch nur nicht mit seiner Stärke brüsten; er gleiche ja leibhaftig dem dürren Knochenmanne

Hohenkrähen – Wirkungsstätte des »Poppele«

selbst und könne wohl durch ein Nadelöhr gezogen werden. Ueber diesen Schimpf aufgebracht, sprang Poppelius von der Tafel auf und befahl, das wohlbeleibte Pfäfflein in das unterste Verlies der Burg zu werfen und es bei Wasser und Brod so lange darin gefangen zu halten, bis auch es so mager geworden sey, dass man es durch ein Nadelöhr ziehen könne.

So geschah es auch und der Abt wurde nicht eher seiner Haft entlassen, als bis er an Umfang bedeutend abgenommen und so mager und dünn wie Poppelius geworden war.

Der Abt aber machte sich voll Ingrimms davon und sann zu Hause unablässig auf Rache und Wiedervergeltung. Endlich fand er in der Klosterbibliothek ein Zauberbuch und verfluchte mittelst den darin enthaltenen Beschwörungsformeln den Ritter Poppelius, der bald darauf das Genick brach, und seither die Gegend durch seine Spukereien beunruhigt, deren wir einige hier angeben wollen. (…)

Mit Glas- und Eierträgern soll Poppele sich gerne unterhalten und z. B., sobald ihm ein solcher begegnet, sich am Wege in einen Stock oder Baumstamm verwandelt haben. Wollte nun der Träger ausruhen und seinen Rückkorb an einen solchen Klotz lehnen, so wich und verschwand derselbe augenblicklich, der Korb fiel auf den Boden, Eier und Gläser brachen in Scherben, und aus der Luft verspottete noch ein schallendes Gelächter den armen Betrogenen.« (Alois Wilhelm Schreiber: »Poppele von Hohenkrähen«, in: August Schnezler (Hrsg.): *Badisches Sagenbuch*, Karlsruhe 1846, S. 94–96)

Die Poppele-Sagen kursieren bis heute ausgeschmückt in vielen Varianten. Es gibt auch solche in Versform. Wendelin Duda hat etliche davon in *Die Sagen des Hegaus* zusammengefasst.

Informationen

Adresse: 78247 Hilzingen-Duchtlingen, bei Anreise mit dem Auto auf dem Wanderparkplatz Hohenkrähen an der Duchtlinger Straße parken
Anreise mit öffentlichen Verkehrsmitteln: Die nächstgelegene, ca. vier Kilometer entfernte Bahnstation ist Mühlhausen-Ehingen.

Petersfels

Wo die Rentierjäger siedelten

Engen

21 Für mich war es eine Zufallsentdeckung: Bei meiner Reise zu den Zielen Aachquelle und Heidenhöhlen beschloss ich, in Engen aus dem Zug auszusteigen und die knapp zehn Kilometer lange Strecke nach Aach zu Fuß zu gehen – mit der Überlegung, dass die Anreise über Singen umständlicher sei. Und so ergab sich die Wanderroute vom Bahnhof Engen aus über den Petersfels nach Aach fast automatisch. Anfangs hatte ich Zweifel, ob ich auf der richtigen Route war, denn sie führte mich durch wenig wirtliche Gebiete, vorbei an Gewerbegebieten und McDonald's, über einen überdimensionierten Verkehrskreisel

Petersfels und Archäopark im Brudertal bei Engen

Nachbildung der Venus vom Petersfelsen

Ergiebiger Fundort: Petersfelshöhle

Richtung Autobahn. Doch nach Unterquerung der Autobahnbrücke änderte sich das Bild. Zunächst kam das idyllische Trockental »Brudertal« und bald der Jurafelsen mit der Höhle in den Blick. Er ist nicht besonders groß, hat einen seitlichen Durchbruch und schmiegt sich an den offenen Wiesenhang.

Einen guten Blick auf die Szenerie hat man vom Serpentinenweg am gegenüberliegenden Hang aus. Dabei ergeben sich immer wieder neue Ausblicke ins Brudertal, bis zur das Tal abriegelnden Autobahnbrücke und auf den dahinter liegenden Vulkankegel Hohenhewen. Entlang der Fußpfade auf beiden Seiten wachsen Sonnenröschen, Kartäusernelke, Gewöhnlicher Hornklee, Kleiner Klappertopf und andere Kalk liebende Pflanzen; sie sind mit Schildern bezeichnet.

Viele Funde beweisen, dass diese Höhle in der Jungsteinzeit von Rentierjägern besiedelt war, aber auch, dass schon viel früher Menschen an diesem Ort lebten. Wie es wohl zur Zeit der Rentierjäger vor 15.000 Jahren aussah, als hier eine Jahresdurchschnittstemperatur von minus drei Grad herrschte? Wie sich die Siedler aus der Natur heraus mit Essen, Heilmitteln, Kleidung und Wohnung versorgten? Wie sie feierten?

Kartäuser-Nelke

Im »Eiszeitpark Engen« unmittelbar neben dem Felsen zeichnen Schautafeln Aspekte des Alltagslebens der Steinzeitmenschen nach. Ein kleines, künstlich angelegtes Moor zeigt die Flora, die die Siedler in diesem Tal vorfanden, beispielsweise die Moosbeere und Weiden.

Den Namen trägt der Felsen nach dem pensionierten Oberpostrat Eduard Peters, der 1927 die ersten Hinweise auf steinzeitliche Besiedelung entdeckte und sehr viele Gegenstände und Knochen ausgrub. (Peters erforschte auch die Eiszeithöhlen an seinem Wohnort Veringenstadt, siehe Seite 106.) Wichtige Funde sind die vier Zentimeter lange Venusstatuette vom Petersfels (auch »Venus von Engen« genannt) aus Gagat (fossilem Holz), von der eine annähernd menschengroße Nachbildung aus Kalkstein auf dem Gelände aufgestellt ist, sowie weitere Frauenstatuetten.

Archäologen schätzen die Bedeutung des Petersfelsen als sehr hoch ein. Die wahre Bedeutung des Felsen und des Gebietes kam erst bei Grabungen in den 1970er Jahren durch das Institut für Urgeschichte der Universität Tübingen zutage. Einige Funde sind heute im Badischen Landesmuseum in Karlsruhe und im Museum der Stadt Engen ausgestellt.

Auf dem Weiterweg Richtung Aach passierte ich noch die 37 Meter tiefe Gnirshöhle, ebenfalls ein Naturdenkmal, in der neben Gegenständen aus der Jungsteinzeit (Magdalénien) auch solche aus der viel jüngeren Glockenbecherkultur gefunden wurden. Sie ist mit einem Tor verschlossen und nur mit Führung zugänglich.

Informationen

Adresse Eiszeitpark Engen: 78234 Engen, Wanderparkplatz an der Brudertalbrücke

Anreise mit öffentlichen Verkehrsmitteln: Vom Bahnhof Engen aus zu Fuß auf dem ausgeschilderten Wanderweg.

Aachquelle

Starker Quell aus Donauwasser

Aach

22 Die Aachquelle, auch als Aachtopf bezeichnet, stand ganz weit oben auf meiner Liste der baden-württembergischen Naturdenkmale. Genau genommen handelt es sich um die Quelle der Radolfzeller Aach, die bei Radolfzell in den Bodensee mündet. Den Mündungsbereich mit seinem Schilfbestand – ein weiträumiges Naturschutzgebiet – kannte ich von verschiedenen Fahrten auf die Höri. Da lag es also nahe, dass ich auch die Quelle anschauen wollte.

Die Aachquelle tritt nicht als dünnes Rinnsal zutage wie etwa die Breg, sondern gleich großflächig, breit wie ein Fluss. Der Literatur zufolge ist es die Quelle mit der größten Schüttung Deutschlands, durchschnittlich 8.000 Liter pro Sekunde (mit einem Spitzenwert von 24.000 Litern pro Sekunde). Wie lässt sich das erklären?

Blick von der Aussichtsterrasse in Aach auf die Hegaulandschaft, auf »Herrgotts Kegelspiel«

Die Aachquelle ist die Quelle mit der stärksten Schüttung in Deutschland.

Tatsächlich ist es Flusswasser, das hier wieder zum Vorschein kommt, und zwar das der Donau. Die versinkt etwa zwanzig Kilometer nördlich von Aach an verschiedenen Stellen zwischen Immendingen und Fridingen in ihrem Bett und fließt in mehreren Strängen in unterirdischen Gängen und Klüften nach Süden, bis sie im Aachtopf wieder zum Vorschein kommt. Dieser schon zuvor vermutete Zusammenhang wurde erst im Jahr 1877 durch das Einschütten großer Mengen Kochsalz in die Donau nachgewiesen. Nur ein bis sieben Tage braucht das Donauwasser für die zwölf bis 19 Kilometer langen Passagen durch die Klüfte des Kalkgebirges.

Es ist ein idyllischer Ort am Rande der Ortschaft Aach, im hinteren Teil umgeben von niedrigen Felswänden. Nicht so spektakulär wie der Blautopf oder der Brenzursprung, dafür deutlich größer und flächiger, mit reichem Besatz an Wasserpflanzen. Vor allem Wasserstern *(Callitriche)* und Schwimmendes Laichkraut *(Potomogeton natans)*, die mit ihren langen Trieben in dem stark strömenden Wasser tänzeln wie die langen Haare einer Quellnymphe, einer Nixe. Doch vom Aachtopf ist meines Wissens kein Dichter inspiriert worden, nicht so wie Eduard Mörike vom Anblick des Blautopfs in Blaubeuren.

Wie immer, wenn ich an Gewässer komme, wollte ich erfahren und spüren, wie sich das Wasser anfühlt, und stieg bis zu den Knien in das am Rand flache Becken. Das Wasser kam mir warm vor. Ich fühlte das Sprudeln und Strömen. Mit einer anderen Besucherin, die es mir gleichtun wollte, kam ich ins Gespräch. Sie sagte mir, dass sie oft an dieser Stelle ins Wasser gehe und zeigte mir den kleinen Spalt in einer Felsnische, durch den Höhlenforscher in die etwa 400 Meter lange Quellhöhle einsteigen. An ihrem Wohnort Immendingen, wo die Donau zeitweise vollständig versinkt, sei das halbe Jahr über kein Wasser im Flussbett. Auf meine Frage, ob die Leute auch im Quelltopf schwimmen, sagte sie, dass sie noch nie jemanden dort schwimmen gesehen habe. Bei einer Tiefe des Quelltopfs von 18 Metern und einer starken Strömung ist das vielleicht auch nicht ratsam.

Wer etwas Zeit und Kondition mitbringt, sollte unbedingt auch in den alten Ortskern von Aach hinaufsteigen, der auf einem Vulkanschlot thront. Von einer Aussichtsterrasse neben der Kirche hat man einen weiten Panoramablick über den Hegau mit seinen Vulkanschloten bis hin zu den Alpen. Da lässt sich gut nachvollziehen, weshalb die Hegaulandschaft auch als »Herrgotts Kegelspiel« bezeichnet wird.

Informationen

Adresse: 78267 Aach, Hauptstraße 50
Anreise mit öffentlichen Verkehrsmitteln: Busverbindungen von Singen, Stockach und Engen. Die Bushaltestelle befindet sich direkt vor der Aachquelle an der Hauptstraße.

Heidenhöhlen

Wo die »Räuber« hausten

Stockach-Zizenhausen

23 Bei der Vorrecherche für diesen Naturdenkmalführer war mir schnell klar, dass die Heidenhöhlen oder Heidenlöcher in das Buch aufgenommen werden müssen. Ich näherte mich den Höhlen vom Busbahnhof Stockach aus zu Fuß. Der Wanderweg führt vom Zizenhausener Ortsteil Bleiche steil hinauf auf den Heidenbühl und zu den Höhlen. Beim Anstieg sah ich, dass ich mich nicht mehr (wie noch am Petersfelsen und rund um die Aachquelle) im Kalkstein bewegte, sondern dass da Sand im Spiel ist. Ich war – geologisch gesehen – jetzt eindeutig im Molassegebiet, im eiszeitlichen Geschiebe nördlich des Bodensees angekommen. Beim steilen Aufstieg zu den Höhlen zeigten sich bereits die lockeren, ausgespülten Sandsteinschichten. Nach

Das Felsenband mit den Heidenhöhlen erstreckt sich über mehrere hundert Meter.

Frühere Bewohner gruben wohnliche Zimmer ins weiche Molassegestein.

einem Wendepunkt ging es auf schmalem Pfad, der Höhenlinie folgend, in nördliche Richtung weiter. Rechterhand stiegen die weiß und bröselig scheinenden Felsen immer höher empor, bis ich schließlich eine tiefere Aushöhlung erreichte, die mit einem offen stehenden Eisengitter versehen ist. Ich wagte mich hinein und war überrascht, dass ich nach ein paar Schritten Licht am anderen Ende des Tunnels sah. Der etwa dreißig Meter lange Gang, von dem Seitengänge abzweigen, führt in eine Art Zimmer. Und von da aus öffnet sich die Höhle wieder nach außen ans Licht. Von diesem Ausgang führt eine Treppe noch weiter nach oben, wo sich weitere Höhlungen und Nischen befinden, eine davon sogar mit einem Durchgang.

Eindeutig menschengemacht sind diese Gänge und Höhlungen, genauso wie die weiteren, die in der steinernen Wand folgen. Doch wer siedelte hier? Dazu gibt es einige Vermutungen. Eine geht davon aus, dass der Name »Heidenhöhlen« auf eine Räuber- oder Zigeunerbande

Gut ausgeschilderter Pfad

zurückgeht, die hier hauste, denn Räuber und Zigeuner wurden im Schwäbischen früher als »Heiden« bezeichnet. Erstmals erwähnt wurden die Heidenlöcher 1786 in einem Gedicht, das über dem Eingang einer der Höhlen eingemeißelt ist und auf einer Informationstafel wiedergegeben wird. In einem Dokument von 1794 wurde berichtet, dass ein Bauer namens Gang mit seiner Grabschaufel mit Fenstern und Türen versehene Höhlen in den Fels gegraben habe. Es sollen in den Höhlen auch Feste stattgefunden haben. Die Höhlen müssen aber wesentlich älter sein; doch über ihre Entstehung und ursprüngliche Funktion ist nichts bekannt.

Noch um 1900 lagen die Heidenlöcher offen da. Ohne die sie verdeckenden Bäume würden sie fast wie die Kreidekliffs auf Rügen wirken. Geologisch handelt es sich um Glaukonitsande der Oberen Meeresmolasse, wie sie hier im Gebiet nördlich des Bodensees anzutreffen ist. Die bekannteren Heidenlöcher in Überlingen, direkt an der Uferstraße gelegen, gaben gar der geologischen Formation ihren Namen. Einzelne Bänke sind verfestigt und stehen an der zwanzig Meter hohen Steilwand als Rippen hervor.

Informationen

Adresse: 78333 Stockach-Zizenhausen, Wanderparkplatz Heidenbühl
Anreise mit öffentlichen Verkehrsmitteln: Mit dem Bus von den Bahnhöfen in Singen/Hohentwiel, von Engen oder von Tuttlingen nach Stockach.
Bitte beachten: Der Pfad, der an den Höhlen vorbeiführt, ist schmal und nicht gesichert. Bei feuchtem Grund besteht Absturzgefahr.

Kolbinger Höhle und Frauenfels

Errettung aus höchster Not

Kolbingen

24 Kolbingen liegt auf der Hohen Schwabenalb bzw. auf dem Heuberg. Das ist eine hoch gelegene naturräumliche Einheit im Südwesten der Alb mit rauem Klima und dünner Besiedelung. Weithin bekannt durch die Kolbinger Höhle, der einzigen Schauhöhle auf der Südwestalb. Ein schmales Sträßchen führt von der Ortsmitte Kolbingen bis auf etwa einen halben Kilometer an die Höhle heran. Ein Waldlehrpfad mit etlichen walddidaktischen Stationen macht den Spazierweg für Kinder und Erwachsene gleichermaßen interessant. Um die Kolbinger Höhle herum, zu deren Eingang man durch ein Felsentor gelangt, gibt es einige touristische Infrastruktur: eine überdachte Grillstelle und die bewirtschaftete Felsenhütte. Besucher können sich an der Unesco Geopark Infostelle über Entstehung und Aufbau der Höhle sowie über Geologie, Flora und Fauna der Region informieren. Die Höhle ist Fledermausquartier und deshalb im Winter geschlossen, um die Tiere nicht zu stören.

In der Höhle befinden sich formenreiche Tropfsteine, in die die Einheimischen Figuren aus der lokalen Sagenwelt des Heubergs und des Donautals hineininterpretiert haben. Die umgebende Landschaft mit ihren Felsengebilden zeigt sich interessant und erlebnisreich, vor allem die Kletterpartie zum Frauenfelsen und die Ausblicke ins Donautal. Wer im Frühjahr herkommt, sollte unbedingt den Märzenbechern im nahen Hintelestal einen Besuch abstatten.

Von der Kolbinger Höhle bzw. vom großzügigen Rastplatz davor sind es nur ein paar Schritte bis zum Felsvorsprung Frauenfels hoch über dem Donautal. Die kleine Kletterei hinab zum Felsen wird belohnt mit einem Panoramablick aufs Donautal Richtung Fridingen und Mühlheim. Zu Füßen des Saums aus Felsenkanzeln mäandert die Donau, daneben verläuft die Eisenbahntrasse. Von so weit oben wirkt alles wie eine Spielzeugeisenbahnanlage.

Unweit der Kolbinger Höhle: Frauenfels hoch über dem Donautal

Vom Frauenfels wird eine Sage erzählt: Mitten in der Nacht soll ein angesehener Kolbinger Bürgersmann aus dem Schlaf gerissen, von einem Trupp vermummter Reiter gefesselt und mit verbundenen Augen auf ein Pferd gesetzt worden sein. Nach einem wilden Ritt hielt der Trupp auf einer Waldlichtung an. Man nahm ihm Augenbinde und Fesseln ab. Der Kolbinger wurde gezwungen, mit dem Schwert einen Menschen hinzurichten. Daraufhin führte man ihn lange durch den Wald und ließ ihn dann laufen. Er fand wieder heim, war aber über das Geschehene so verzweifelt, dass er sich vom »Gelben Felsen« (ursprünglicher Name des Frauenfelsen) stürzen wollte. Auf dem Felsen stehend vernahm er eine wundersame Stimme, die ihn vom Springen abhielt. Er hörte auf die Stimme, die er für die Stimme Marias hielt. Zum Dank für diese Errettung errichtete er auf dem Felsen ein Marienbild und der Felsen erhielt den Namen Frauenfels.

Eingangsbereich der Kolbinger Höhle

Informationen

Adresse: 78600 Kolbingen, Parkplatz Kolbinger Höhle (ist von der Ortsmitte aus ausgeschildert). Von dort führt ein ca. 600 Meter langer, ebener Fußweg bis zur Felsenhütte.

Anreise mit öffentlichen Verkehrsmitteln: Ausstieg am Bahnhof Fridingen (bei Tuttlingen) oder in Mühlheim a. d. Donau. Von dort ist der Felsen in einer guten halben Stunde bergauf zu Fuß erreichbar.

i www. albverein-kolbingen.de

Heidentor

Raubgräbereien an keltischer Kultstätte

Egesheim

25 Egesheim liegt wie Kolbingen auf der Hohen Schwabenalb, im Bereich des Heuberges, einer hochgelegenen Landschaft der südwestlichen Alb. Ein Schild weist den Bergsporn der Oberburg, auf dem das Heidentor liegt, mit 924 Meter Höhe aus. Die einstige Burganlage soll den Bewohnern der Umgebung als Fliehburg gedient haben. Das Heidentor liegt etwa einen halben Kilometer nordwestlich davon.

Beim Heidentor handelt sich um eine Höhlenruine, wie man sie an etlichen Orten auf der Schwäbischen Alb antrifft, so etwa auch an der

Schauplatz von Raubgräbereien: das Egesheimer Heidentor

unweit gelegenen Kolbinger Höhle oder in Inzigkofen. Das Felsentor hat eine lichte Weite von etwa zehn Metern; es ist als Naturdenkmal und als Geotop ausgewiesen. Auf dem Höhenrücken gibt es in unmittelbarer Nachbarschaft weitere interessante Felsformationen: kleine Höhlen, überhängende Felswände, Hohlkehlen und Felsnadeln.

Das Egesheimer Heidentor gilt als besonders, weil sich hier eine wichtige frühkeltische Kultstätte, ein überregional bedeutsames Naturheiligtum, befunden haben soll. Das Heidentor wurde wegen Raubgräbereien in den 1990er Jahren unrühmlich bekannt. Die Beute gelangte zwar über einen Händler an das Württembergische Landesmuseum in Stuttgart zurück; für die archäologische Forschung waren sie als reine Objekte ohne die unmittelbare Ausgrabungssituation, ohne Kenntnis der Anordnung und Häufung im Areal, jedoch kaum noch von Wert. Der Standort war also für die archäologische Forschung weitgehend zerstört. Doch etliche Funde und Erkenntnisse gibt es trotz der Raubgräbereien.

Am Steilhang unterhalb des Tores wurde Frauenschmuck gefunden, etwa Ringe, Gürtelschmuck, Haarnadeln, Glasperlen (aus Griechenland) sowie kleinteilig zerscherbte Tongefäße, teils in Miniaturgröße. Archäologen gehen davon aus, dass es sich um Opfergaben insbesondere von Frauen handelt, vielleicht in Zusammenhang mit einem Fruchtbarkeitskult. Die phallusartigen Nadelfelsen in der unmittelbaren Umgebung stützen diese Einschätzung. Es könnte sich auch um einen Opferbrauch gehandelt haben, bei dem Menschen gemeinschaftliche Trank- und Speiseopfer brachten, die Gefäße rituell zerschlugen und Reste des Mahls zurückließen. Die Funde von Fibeln, also von Gürtelschnallen, könnten darauf hindeuten, dass sie hier abgelegt wurden, um sich von einer Krankheit zu heilen. Viel Spekulation, wie mir scheint.

Datiert werden die Funde auf das 6. bis 3. Jahrhundert v. Chr., also in die Keltenzeit. Vergleichbare Fundorte aus dieser Zeit sind nördlich der Alpen nur die Brodelquelle bei Bad Pyrmont und die Riesentherme bei Dux in Tschechien.

Egesheim mit der Oberburg gehört zum hoch gelegenen Naturraum Heuberg.

Beim Erkunden des Geländes fragte ich mich, ob es nahebei eine Wasserquelle gibt, die doch meistens in Verbindung mit solchen Kultorten steht. Bei der Recherche fand ich den Hinweis, dass in früheren Zeiten in der Nähe eine seit langem versiegte Quelle entsprungen sein soll. Im Tal unterhalb befindet sich zudem das Millbrönnle, dessen Wasser als heilkräftig galt und womöglich noch gilt. Heute dient der Quelltrog als Viehtränke. In der Umgebung gibt es weitere archäologische Stätten aus der Keltenzeit – Grabhügel und Viereckschanze.

Informationen

Adresse: 78592 Egesheim, im Waldgebiet Oberburg

Anreise: Das Heidentor liegt abgelegen in dem Waldgebiet Oberburg. Es ist nur zu Fuß von Egesheim (bzw. auch von Bubsheim oder von Reichenbach am Heuberg) aus in etwa einer halben Stunde erreichbar.

Petersfelsen und Petershöhle

Die Sage vom Doktor Schroff

Beuron

26 Von der Bahnhaltestelle in Beuron aus sind die Naturdenkmalziele, von denen es in der Umgebung des Donaudurchbruchs durch die Weißjura-Felsformationen reichlich gibt, gut zu erreichen. Exemplarisch stelle ich den Petersfelsen mit der Petershöhle vor. Der Felsen hebt sich von anderen durch das weiße Kreuz auf seinem Gipfel ab. Vor dem Bahnhof stehend kommt er schon in den Blick. Um ihn zu erreichen, muss man jedoch erst die hohe Bahnbrücke überqueren und ein stückweit bergauf gehen. (Man orientiere sich zunächst Richtung Wildenstein und nehme nicht den Fahrradweg.) Erst dort weist ein Schild den Weg zum 600 Meter entfernten Petersfelsen. Unterhalb des Felsen zweigt ein steiler Pfad

Der Petersfels liegt von Beuron aus gesehen donauabwärts.

Der Zugang zur Petershöhle am Fuß des Felsen ist baulich gut erschlossen.

nach rechts ab. Über eine Holztreppe gelangt man in die Höhle, deren Eingangsbereich von einer hohen Frontmauer gestützt wird.

Meine Naturdenkmal-Exkursionen haben mich wahrlich in viele Höhlen geführt. Doch diese Höhle überraschte mich in ihren Dimensionen doch sehr: Ein richtiger Felsendom tat sich auf, weit, hoch und hell, mit vielen Klüften und einer Öffnung nach oben, durch die Licht einfällt. Gleichzeitig fühlte ich mich gefährdet, befürchtete, dass Felsbrocken auf mich herabfallen könnten.

Wie in einer Kathedrale: das Innere der Petershöhle mit Licht von oben

Bei der schieren Größe der Höhle mit einem Durchmesser von zwanzig bis dreißig Metern und einer Höhe von neun bis zehn Metern und ihrer guten Erreichbarkeit ist es naheliegend, dass sie in früheren Zeiten bewohnt war. Keramikfunde deuten auf eine Besiedelung in der Bronze- und Keltenzeit hin. Aus dem Fund von Ofenscherben schließen Wissenschaftler auf Besiedelung im Mittelalter. Möglicherweise diente die Höhle als Fluchtburg für die Mönche aus dem nahen Kloster Beuron. Es gibt jedoch keine urkundlichen Nachweise dafür.

Auf dem Weg von Beuron zum Petersfelsen öffnet sich der Blick auf Schloss Werenwag, das auf einem Felsenkranz hoch über der Donau liegt. Dort soll einst ein Doktor Schroff gelebt haben, der neben seiner Tätigkeit als Leibarzt der Herrschaft auch das Amt eines Vogtes ausübte. Er galt als hart und unbarmherzig. Den Bauern, die für ihn fronten, gab er nicht einmal genug zu essen. Er brachte auch durch Meineid und Betrug Grundstücke an Werenwag. Wegen dieser Missetaten wurde Doktor Schroff im Himmel in einen Felsen im Finstertal verwandelt, das er auf unehrliche Weise von den Irrendorfern an sich gebracht hatte. Bis

Spektakuläre Lage über dem Donautal: Schloss Werenwag, Wirkungsstätte des Vogts Schroff von Werenwag

heute jedoch hat er keine Ruhe gefunden. Man sieht ihn öfters auf einem Schimmel, den er schon zu Lebzeiten ritt, auf dem Wachtbühl oder auf den Hexenwiesen. Seine Augen funkeln bei Nacht wie Feuer. Manchmal geht er auch zu Fuß, seinen Kopf trägt er dabei unter dem Arm.

Fantasiebegabte Menschen erkennen in einer Tropfsteinfigur in der nahe gelegenen Kolbinger Höhle den Vogt Schroff von Werenwag, der hier ohne Kopf zu Stein geworden ist (siehe Seite 93).

Informationen

Adresse: 88631 Beuron, Hubertusweg

Anreise mit öffentlichen Verkehrsmitteln: Von der Bahnstation Beuron an der Strecke Ulm–Donaueschingen ist es etwa einen Kilometer weit zum Felsen.

Im alten Bahnhofsgebäude ist das Naturschutzzentrum Obere Donau mit Ausstellungsräumen und Shop untergebracht.

i www.nazoberedonau.de

Amalienfelsen und Teufelsbrücke im Fürstlichen Park

Felsenlandschaften am Donaudurchbruch

Inzigkofen

27 In Inzigkofen befinden wir uns am anderen Ende des Donaudurchbruchs durch den Weißen Jura (der erste befindet sich bei Beuron, siehe Seite 99). Die Natur inszeniert sich hier wie dort spektakulär.

Im Fürstlichen Park Inzigkofen ist die wildromantische Felsenlandschaft entlang der mäandernden Donau auf ganz besondere Weise erlebbar. Den von 1811 bis 1829 angelegten, 25 Hektar großen Landschaftspark erschließen steile Wanderpfade und Treppen. Der Haupteingang des frei zugänglichen Parks liegt gegenüber vom ehemaligen Augustinerkloster und jetzigen Volkshochschulheim. Von diesem Punkt reicht der Blick bis zum etwa drei Kilometer entfernten, in den Himmel ragenden Sigmaringer Schloss. Seit 2019 gibt es einen

Der Amalienfelsen am Donauufer ist Teil des Fürstlichen Parks.

weiteren, ungewöhnlichen Zugang vom jenseitigen Ufer der Donau aus: eine Hängebrücke über Bahnlinie und Fluss.

Ein Höhepunkt der Parkinszenierung ist der unmittelbar aus der Donau aufsteigende Amalienfelsen. Der 29 Meter hohe Felsblock an der Engstelle markiert den Durchbruch der Donau durch das Kalkgebirge der Schwäbischen Alb. An der zur Donau gerichteten Felswand ist in gusseisernen Buchstaben »Andenken an Amalie Zephyrine 1841« samt dem Allianzwappen angebracht. Der Namenszug erinnert an die Parkgründerin Fürstin Amalie Zephyrine von Hohenzollern-Sigmaringen (1760–1841), eine geborene von Salm-Kyrburg. So kam der Felsen, der zuvor »Blaufelsen« hieß, 1841 zu dem neuen Namen »Amalienfelsen«. In früheren Zeiten erzählten die Leute, dass sich Amalie Zephyrine aus Liebeskummer auf einem Schimmel vom Felsen in die Fluten der Donau gestürzt habe. Dies ist jedoch nur eine romantische Fantasie, denn tatsächlich starb Amalie Zephyrine in hohem Alter eines natürlichen Todes.

Der Weg führt vom Amalienfelsen aus donauaufwärts weiter an Felsüberhängen und Grotten vorbei zur Teufelsbrücke. Die Bogenbrücke überspannt eine tief eingeschnittene Kluft, die »Höll«. Sie wurde anstelle einer hölzernen Vorgängerbrücke 1895 aus Beton neu gebaut. (Die Topografie erinnert ein wenig an die um die Teufelsbrücke am Gotthardpass in der Schweiz, wenn auch in einer Miniaturversion.)

Beim Bau der Teufelsbrücke wurde der Teufel gefoppt.

An die Teufelsbrücke ist die Wandersage vom betrogenen Teufel geknüpft: Als Fürst Karl von Hohenzollern-Sigmaringen seinem Baumeister den Auftrag zum Bau der Brücke gab, soll der gesagt haben: »Die soll von mir aus der Teufel bauen, nicht ich.« Da erschien auch schon der Teufel und versprach, die Brücke unter der

Steile Treppe zu den Grotten

Szenerie im Park mit Felsentor

Bedingung zu bauen, dass die Seele jenes Geschöpfes, das als erstes über die fertige Brücke gehe, ihm gehöre. Man ging den Handel ein, und als die Brücke fertig war, jagte man einen räudigen Hund darüber und betrog so den Teufel. (Aus: *Sagen der Schwäbischen Alb)*

Hinter der Teufelsbrücke setzt sich der Weg durch einen Felsdurchgang hindurch am Hang entlang fort zum Känzele, zu einem kleinen Aussichtsplateau, von dem aus sich der Blick auf die Donauauen öffnet. Sich am Känzele links haltend kommt man zum beeindruckenden Felsentor und zu den Kalkriffen und Felsgrotten, den »Inzigkofener Grotten«, die auf schmalen Pfaden und über hölzerne Treppen zugänglich sind. Eine davon, die imposante »Nebelhöhle«, ist über fünf Meter hoch und zehn Meter tief. So lässt sich die eigenartige felsige Landschaft am Donaudurchbruch ganz unmittelbar durch Ergehen erleben.

Informationen

Adresse: 72514 Inzigkofen, Parkweg 3 oder Parkplatz Amalienfelsen/ Hängebrücke an der L 277 oder Parkplatz Teufelsbrücke

Anreise mit öffentlichen Verkehrsmitteln: Von der Bahnstation Sigmaringen aus mit dem Bus oder zu Fuß entlang der Donau bis Inzigkofen

Höhlen in Veringenstadt und Gallusquelle

Vom Göpfelstein und seiner Sage

Veringenstadt

28 Wegen des eigenartigen Namens und der großen Zahl an Höhlen in Ortsnähe lockte mich Veringenstadt schon lange. Die Gegend um Veringenstadt ist zusammen mit dem Raum Bad Urach und dem Ach- und Blautal bei Blaubeuren eines der wichtigsten Höhlengebiete der Schwäbischen Alb. Also nichts wie hin ins Tal der Lauchert. Die von Norden her kommende Lauchert mäandert s-förmig durch den Ort und strebt der Donau zu.

Die bekannteste von 34 Höhlen in der Gegend um Veringenstadt ist die Göpfelsteinhöhle, die als flächenhaftes Naturdenkmal und als Bodendenkmal ausgewiesen ist. Die Höhle mit einer großen Vorhalle und einem rückwärtigen zweistöckigen Teil, der etwa sieben Meter lang, sieben Meter breit und fünf Meter hoch ist, liegt am südlichen Ortsrand. Weitere erwähnenswerte Höhlen sind die noch größere Nikolaushöhle (ebenfalls ein flächenhaftes Naturdenkmal), die Hagentorhöhle, die Mühlberghöhle und die Anna-Kapellen-Höhle (ebenfalls ein flächenhaftes Naturdenkmal). In der Mühlberghöhle informieren zahlreiche Schautafeln über die Entstehungsgeschichte der Höhlen, über deren Besiedelung, Geologie usw.

Die Funde von Werkzeug und Tierknochen in den Höhlen belegen, dass die Gegend schon zur Zeit der Neandertaler vor etwa 50.000 Jahren bewohnt war. Nachweislich wurde die 660 Meter hoch gelegene Göpfelsteinhöhle von der Höhlenhyäne als Horst genutzt. Knochenfunde belegen das Vorkommen der Raubtiere Höhlenbär, Wolf, Vielfraß, Steppeniltis und Höhlenlöwe sowie der Pflanzenfresser Wildpferd, Wollnashorn, Ren, Mammut, Wisent, Riesenhirsch, Rothirsch und Steinbock.

Der Göpfelsteinfelsen erinnert mit seiner großen Höhlung an einen Kopf mit einem großen Maul. In Veringenstadt wird noch immer die Sage erzählt, dass der Göpfelstein ein unbeständiger Geselle sei und an

Göpfelsteinhöhle direkt am Ortsrand von Veringenstadt

Karfreitag mit dem ersten Glockenschlag des Mittagsgeläutes an die Lauchert gehe, um seinen Durst zu stillen. Eine andere Version berichtet, dass an Karfreitag die Glocken nach Rom fliegen und sie daher an diesem Tag nicht läuten. Aber man könne ja nie wissen, ob sie eines Tages nicht doch rechtzeitig aus Rom zurückkehren und der Göpfelstein dann zum Saufen an die Lauchert gehe ...

Hermentingen liegt nördlich von Veringenstadt, ebenfalls an der Lauchert. Die Gallusquelle, die rechts von der Lauchert entspringt, ist die größte Quelle in hohenzollerischen Landen mit einem Einzugsbereich von etwa 45 Quadratkilometern und einer Schüttung von maximal 3.000 Litern pro Sekunde. Das Quellwasser wird aufbereitet; die Quelle versorgt etwa 50.000 Menschen mit Trinkwasser. Wasserhahnenfuß gedeiht gut in dem kalten Wasser.

Informationen

Adresse: 72519 Veringenstadt und 72519 Veringenstadt-Hermentingen

Anreise mit öffentlichen Verkehrsmitteln: Veringenstadt und Hermentingen sind Bahnstationen an der Strecke Gammertingen–Sigmaringen. Die hier beschriebenen Naturdenkmale sind von den Bahnhöfen aus in wenigen Minuten zu Fuß zu erreichen.

Blick aus der Nikolaushöhle

Gallusquelle in Hermentingen

Kornbühl mit Salmendinger Kapelle

Landmarke auf der Schwäbischen Alb

Burladingen

29 Der 886,5 Meter hohe Kornbühl ist eine weithin sichtbare Landmarke auf der Schwäbischen Alb. Die der heiligen Anna geweihte Salmendinger Kapelle krönt die Kuppe. Der Kornbühl liegt zwischen Salmendingen und Ringingen auf der Mittleren Kuppenalb. Wegen seiner Kegelform könnte man meinen, dass es sich um einen Vulkankegel handelt wie im Hegau (siehe Seite 87) oder um einen eiszeitlichen Drumlin wie in Waldburg (siehe Seite 171). Das stimmt aber nicht; er ist lediglich ein Relikt des Erosionsgeschehens im Weißjura, ein Zeugenberg, so wie die bekannten Zeugenberge der Ostalb – Hohenstaufen, Rechberg und Stuifen. Eine harte Deckschicht auf der Kuppe schützt in Kombination

Der Kornbühl erhebt sich auf der Hochfläche der Schwäbischen Alb.

Panoramablick vom Kornbühl über das kleingliedrig strukturierte Heufeld

mit einer harten Weißjura-Schicht zu Füßen die weichere Zwischenschicht vor Erosion.

Die meisten Besucher dürften nicht wegen der geologischen Besonderheiten zum Kornbühl kommen, sondern wegen der Aussicht. In alle Richtungen hat man freie Sicht über die Schwäbische Alb. Zu Füßen breiten sich die kleinräumigen Landschaftsstrukturen mit ihren Wiesen, Äckern und Hecken der Schichtflächenalb, das sogenannte Heufeld, aus. Bei meinem Besuch tauchten gewitterschwangere Wolkengebilde die Szenerie in ein etwas unwirkliches Licht.

Durch die Kegelform des Kornbühls mit ihrer Ausrichtung in alle Himmelsrichtungen sind die unterschiedlichsten mikroklimatischen Bedingungen gegeben, so dass sich eine vielfältige Flora und Fauna einstellen konnte. Das ist der Grund für die Ausweisung des Kornbühls als Naturschutzgebiet. Wacholderheide, Halbtrockenrasen und Dornstrauch-Gebüsch sind Lebensraum u. a. für viele Heuschrecken- und Schmetterlingsarten. Der mageren Boden anzeigende Feld-Thymian säumt die Wege und sorgt für würzigen Duft. Die für die Schwäbische Alb typischen

Vegetationseinheiten müssen durch Landschaftspflege erhalten werden, sonst verbuschen die Flächen und erfüllen nicht mehr ihre ökologische Funktion. Trockenheitsverträgliche Kiefern und Mehlbeeren kommen dann auf und unterdrücken die krautige Vegetation.

Ein wundersam anmutendes Geschehen spielt sich zuweilen zu Füßen des Kornbühls ab. In niederschlagsreichen Jahren entsteht in Zeiten der Schneeschmelze ein See, der als »Märzenbronnen« bezeichnet wird. Nach einigen Wochen verschwindet er wieder. Ob er sich in Zeiten des Klimawandels weiterhin bilden kann, ist allerdings fraglich.

Informationen

Adresse: 72393 Burladingen-Salmendingen, Parkplatz am Fuß des Kornbühls

Anreise mit öffentlichen Verkehrsmitteln: Busverbindung vom ZOB Reutlingen bis Salmendingen Lamm, Burladingen. Von dort aus sind es gut zwei Kilometer zu Fuß zum Kornbühl.

i www.burladingen.de

Gönninger Seen und Kalksinterterrasse Oberes Wiesaztal

Lebensraum für Wasseramsel und Tannenwedel

Reutlingen-Gönningen

30 In Gönningen im Wiesaztal wartet ein flächenhaftes Naturdenkmal auf Entdeckung: das 5,4 Hektar große »Tuffsteinvorkommen mit Feuchtbiotop«. Bekannter ist es unter der Bezeichnung »Gönninger Seen«, und die sind aus etlichen Gründen ein beliebtes Ausflugsziel im Reutlinger Raum. In der vielgestaltigen Landschaftsszenerie mit Wald, Wiesen, Felsen, Wasserfällen, Teichen und Bachläufen gibt es einiges zu entdecken.

Wie im Echaztal (siehe Seite 124) gibt es im Wiesaztal Kalksinterbildungen, umgangssprachlich besser bekannt als Tuffsteinbildungen. Die Wiesaz entspringt in Genkingen auf der Schwäbischen Alb auf

Badesee zu Füßen der Schwäbischen Alb

Tannenwedel

760 Meter Höhe und fließt zunächst noch als kleiner Bach der Talmühle zu. Im Bereich der Talmühle hat die Wiesaz in den vergangenen etwa 7.000 Jahren mehr oder weniger mächtige Kalksinterterrassen aufgebaut. Da der Tuffstein ein beliebter Werkstein war, wurde er steinbruchmäßig abgebaut. Spuren dieser einstigen Steinbruchtätigkeiten sind an etlichen Stellen im Tal noch zu sehen. In den Steinbruchrelikten befinden sich kleine natürliche Höhlen: die Schatzkammerhöhle, die Wiesazhöhle und die Gönninger Tuffhöhle. Unterhalb einer Steinbruchwand bildet sich manchmal ein See.

Hinter der Talmühle fließt die Wiesaz ein Stück weit im kanalisierten Bett, bis sie sich über eine Sinterterrasse als Wasserfall etwa zehn Meter in die Tiefe stürzt. Ein glitschiger Fußpfad führt daran entlang. Beim Weitergehen im Talgrund gelangt man zu zwei kleinen Teichen, deren Wasser dunkeltürkis schimmert und Unterwasserwelten erahnen lässt. Diese hier sind belebt von großen Vorkommen der Teichpflanze Tannenwedel. Alles wirkt natürlich, doch genau genommen sind die Gönninger Seen Sekundärnatur: Sie entstanden erst durch Renaturierungsmaßnahmen nach Beendigung des Tuffsteinabbaus. Seither haben sie sich zu einem wertvollen Lebensraum für viele Tiere und Pflanzen entwickelt. Wasseramsel und Zwergtaucher brüten hier und die Wasserfledermaus holt sich ihre Nahrung.

Der dritte und größte der Gönninger Seen ist ein Stausee, der als Badesee genutzt wird. Badegäste sonnen sich am Rand des Sees auf einem Felsen. Das Wasser lockte auch mich: Ich fand das Schwimmen im kalten Wasser ungemein erfrischend. Beim Einstieg über scharfkantige Kalktuffstufen musste ich allerdings sehr aufpassen, um mich nicht zu stoßen.

Im weiteren Lauf durchfließt die Wiesaz den Ort Gönningen, der einst Zentrum des Samenhandels war, und mündet in die Steinlach, die wiederum in Tübingen in den Neckar mündet. In Genkingen, wo die Wiesaz entspringt, ist die Sage vom Geist in der Esche verortet. In

Flächenhaftes Naturdenkmal Gönninger Seen mit Tuff in Variationen

einer hohlen Esche, die sicher nicht mehr existiert, wohnte ein Geist, der die vorübergehenden Menschen erschreckte, anhielt und mit in die Esche holen wollte. Deshalb wagte es niemand, sich dem hohlen Baum zu nähern. Der Geist soll eine rote Weste, schwarze Hosen und weiße Strümpfe getragen haben.

Informationen

Adresse Gönninger Seen: 72770 Reutlingen-Gönningen, Lichtensteinstraße 150, von der L 230 abzweigend
Anreise mit öffentlichen Verkehrsmitteln: Mit dem Bus bis Reutlingen-Gönningen oder Sonnenbühl-Genkingen. Von dort sind die Gönninger Seen nur zu Fuß erreichbar.

Sieben-Täler-Höhle und Wolfsschlucht

Im Römerquelletal

Rottenburg am Neckar-Bad Niedernau

31 Höhlen haben es mir angetan. Doch eigne ich mich sicher nicht zur Höhlenforscherin, wie mir beim kurzen Erkunden der Sieben-Täler-Höhle klar wurde. Der Eingang zu dieser Höhle ist so niedrig, dass man nur hineinkriechen kann. Da wurde es mir schnell zu eng und ich gelangte erst gar nicht bis zu der Stelle, an der sich die Höhle weitet und man wieder aufrecht stehen kann. So begnügte ich mich mit dem Wissen, dass es sich bei dieser Höhle mit einer Länge von über 200 Metern um die größte im Landkreis Tübingen handelt. Sie befindet sich in einer Muschelkalkwand eines ehemaligen Steinbruches am rechten Rand des Katzenbachtals.

Niedriger Eingang zur Sieben-Täler-Höhle

Im Inneren der Höhle

Ein Schild am vorbeiführenden Weg macht auf sie aufmerksam, sonst wäre die kleine Öffnung leicht zu übersehen. Das Katzenbachtal ist ein idyllisches Wiesental. Der Katzenbach entspringt auf der Gäuhochfläche bei Dettingen und mündet in Bad Niedernau in den Neckar; er ist gesäumt von Muschelkalkfelsen und schütterem Laubwald. Der Oberlauf ist als Naturschutzgebiet ausgewiesen. Ich erkundete das Tal vom Wanderparkplatz in Niedernau aus, durchquerte den Kurpark und gelangte auf geteerter Straße zum im Jahr 2020 stillgelegten Abfüllort der Bad Niedernauer Römerquelle, einer einst bekannten, kochsalzarmen Mineralquelle. Hier schlug mir intensiver Schwefelgeruch entgegen. Kurz dahinter wendete ich mich nach rechts zu einer platzartigen Erweiterung mit dem Quellhaus der Römerquelle und römischen Säulen. Die Römer waren also hier an diesem Ort; sie kannten und nutzten die heilkräftige Quelle. In unmittelbarer Nähe der Quelle wurden zahlreiche römische Münzen gefunden und – als Besonderheit – ein gut erhaltenes Steinrelief des Apollo, dem gallorömischen Heil-und Quellgott. Dieses Relief hängt im Quellhaus, weshalb dieses auch die Bezeichnung »Apollotempel« trägt.

Über Felsstufen kletterte ich die kurze Wolfsschlucht hinauf und ließ mich dabei nicht von der Warnung, dass es hier rutschig sein könnte, beirren. (Da hatte ich mich bei meinen Wanderungen schon auf weitaus rutschigeren Pfaden bewegt.) Auf schmalem Pfad ging es nach links weiter. Ich wunderte mich darüber, dass mir im Vergleich zu anderen Touren relativ viele Wanderer entgegenkamen, was wohl an der Nähe zu Tübingen liegen mag.

Reizvoll ist das Katzenbachtal wegen der abwechslungsreichen, kleinräumigen Landschaftsszenerie und den vielen Spuren früherer Nutzung, vor allem der Mineralwassergewinnung. Doch alles wirkt etwas verlassen und verströmt einen leicht morbiden Charme. Und auch am Außenbrunnen des Apollotempels fließt kein Wasser mehr; er ist stillgelegt.

Informationen

Adresse: 72108 Rottenburg-Bad Niedernau, Bachstraße, Wanderparkplatz am Kurpark

Anreise mit öffentlichen Verkehrsmitteln: Bad Niedernau ist Bahnstation an der Strecke Tübingen–Horb und per Bus mit den Linien 7626 und 7629 erreichbar.

Die Sieben-Täler-Runde, an der die Höhle und die Wolfsschlucht liegen, ist ausgeschildert.

i www.touren.tuebinger-umwelten.de, www.fruechtetrauf.de

Wolfsschlucht

Bereits die Römer waren hier.

Märchensee und Steinbruch

Lebensraum für Wasserlinse und Geburtshelferkröte

Rottenburg am Neckar-Wendelsheim

32 Steinbrüche und Felsaufschlüsse ziehen mich seit meiner Kindheit an. Da lag es nahe, dass ich mir auch den stillgelegten Steinbruch in Wendelsheim anschauen wollte. Das zwölf Hektar große Steinbruchgelände, das als flächenhaftes Naturdenkmal ausgewiesen ist, befindet sich auf dem Pfaffenberg nördlich von Wendelsheim, dem Schönbuch vorgelagert. Bis in die 1960er Jahre wurde hier feinkörniger, gelblicher Schilfsandstein abgebaut. Wer sich in Wendelsheim umschaut, sieht den Werkstein verbaut in älteren Häusern, in Mauern, Feldkreuzen, Bildstöcken und Grabsteinen; verwendet wurde er auch

Bei Rottenburg-Wendelsheim: Märchensee für Krötenkönige

an prominenter Stelle im Eingangsportal der Wilhelma in Stuttgart-Bad Cannstatt. Das verwundert nicht, wenn man weiß, dass der Steinbruch bis 1826 im Besitz des württembergischen Königs war.

An den bis etwa fünf Meter hohen Abbruchwänden sind noch deutlich Spuren der Bearbeitung zu erkennen. Auch Besucher haben Ritzspuren hinterlassen. Vor den Abbruchwänden hat sich in einigen Mulden auf der Steinbruchsohle Wasser angesammelt. Die viele hundert Meter langen Abbruchwände sind hufeisenförmig angeordnet; an ihrem Fuß entlang verläuft ein Wanderpfad. Auf der Fläche zwischen den Abbruchwänden wurde der Steinabraum zu einer Halde aufgehäuft; eine standortgerechte Vegetation aus Heidekraut, Heidelbeeren und Birken hat sich angesiedelt. Bei meinem Besuch im September leuchteten dort auffällig viele Fliegenpilze aus dem Strauchwerk.

Am westlichen Zugang zum Steinbruchareal liegt der Märchensee. Der heißt so, weil sein Entstehen durch einen Wassereinbruch über Nacht wundersam, wie im Märchen, erschien. Ein Märchen oder eine Sage ist damit nicht verbunden. Doch fantasiebegabten Wanderern fallen womöglich Geschichten von Prinzessinnen und Froschkönigen oder – passender – Krötenkönigen ein, die ihr eigenes Reich unter der von Wasserlinsen grünen Oberfläche bewohnen.

Ganz naturwissenschaftlich gesehen sind Steinbruch und Märchensee Lebensraum und Laichplatz der sehr seltenen Geburtshelferkröte. Einer Informationstafel auf dem Gelände zufolge ist dies ihr einziges Vorkommen in Württemberg. Die Kröte fand hier nach ihrer Aussetzung im Jahr 1928 geeignete Laichgewässer und außerdem die spalten- und unterschlupfreiche Gesteinshalde, die sich im Sommer erwärmt. Die Tiere lieben die Wärme und verbringen die meiste Zeit ihres Lebens an Land. Auf der Tafel heißt es weiter: »Nachts lassen die Männchen einen glockenartigen Ruf ertönen, der im Volksmund auch ›Feenglöckchen‹ genannt wird und die Weibchen anlocken soll. Die Paarung erfolgt an Land, nicht wie üblich im Wasser. Nach der Eiablage nimmt das Männchen dem Weibchen die Eischnüre ab und wickelt sie sich um den Hinterleib. Dort bleiben sie bis zur Schlupfreife. Danach

Früher Steinbruch, heute flächenhaftes Naturdenkmal

entlässt das Männchen die Quappen ins Wasser.« Sich am Märchensee ein Märchen vom Krötenkönig auszudenken, ist also naheliegend.

Vom Märchensee aus führt der Wanderpfad zu einer nach Süden ausgerichteten Aussichtsplattform, von der aus man einen hervorragenden Blick über den bewaldeten Höhenzug des Rammert zur Silhouette der westlichen Schwäbischen Alb hat.

Informationen

Adresse: Wendelsheim, Steinbruchstraße, 72108 Rottenburg am Neckar, parken am Ortsrand von Wendelsheim bei der Grundschule. Von dort aus auf geteertem Weg auf die Höhe, vorbei an Streuobstwiesen und Weinbergparzellen zum Naturinfopfad Pfaffenberg.

Anreise mit öffentlichen Verkehrsmitteln: Vom nahen Tübingen aus ist Wendelsheim mit dem Bus (Linie 18 Richtung Oberndorf) erreichbar. Haltestelle ist Wendelsheim Post, Rottenburg am Neckar.

i www.rottenburg.de

Sagenweg und Remmselestein

Opfer für die alte Urschel am Remmselestein

Pfullingen

33 Pfullingen ist in Sachen Sagen ein Hotspot in Württemberg. Viele Sagen sind auf dem Ursulaberg, der östlich des Stadtzentrums liegt, verortet. Genügend Stoff, um damit einen Sagenweg zu gestalten. An den Stationen entlang des Wegs sind Sägekunstarbeiten von Billy Tröge ausgestellt.

Von der Schulstraße östlich des Zentrums von Pfullingen führt der Sagenweg vorbei an der Schillerlinde zur ersten Skulptur »Das Gesicht der Urschel«. Auf der an der Skulptur angebrachten Tafel steht: »Das märchenhafte, geheimnisvolle Gesicht der Urschel steht für die hilfreiche und gütige Frau, die Bauersleute und Wanderer auf ihren Wegen durch die Pfullinger Wälder, Wiesen und Äcker schon seit Urzeiten fürsorglich begleitet. Als eine der bekanntesten Figuren aus der Pfullinger Sagenwelt

Blick vom Urschelberg zur Achalm, zum Hausberg von Reutlingen

soll die Urschel mit einem langen weißen Kleid, roten Strümpfen, weißen Schuhen und einer prächtigen Radhaube auf dem Kopf bekleidet sein. An ihrem goldenen Gürtel hängt ein ebenfalls goldener Schlüsselbund mit Schlüsseln für die drei versunkenen Schlösser der Schlossfrau im Inneren des Urschelberge.«

Die Urschel soll vor langer Zeit durch einen bösen Fluch verwunschen worden sein und wartet bis zum heutigen Tag auf ihre Erlösung. Es wird erzählt, die Urschel hause als Geist im und um den Ursulaberg, den der Volksmund auch als Urschelberg bezeichnet.

Die vorletzte Figur auf dem Sagenweg in Form einer hölzernen Hand symbolisiert die Sage vom Remmselestein. Auf dem Remmselestein, bei dem es sich um einen als Naturdenkmal ausgewiesenen Steinblock handelt, sollen einst die Fuhrleute der Urschel ihr »Remmsele«, einen fünflöchrigen Hosenknopf aus Hirschhorn, geopfert haben, damit sie sie auf ihrem Weg beschützt. Heute kann jeder, der vorbeigeht, einen Knopf in die hölzerne Hand legen und auf Schutz hoffen. Hölzerne Hände mit fünflöchrigen Knöpfen auf der Handfläche fungieren auch als Wegzeichen für den Sagenweg.

Remmseleknopf als Opfergabe

Pfullingens Sagengestalt: die Urschel

Station auf dem Sagenweg: die Nachtfräulein mit Entenfüßen

Gut geleitet: Wegzeiger mit Remmseleknöpfen

Die letzte Station ist die Gruppe der drei Nachtfräulein mit Entenfüßen. Sie stehen unter dem Schutz der Urschel und wohnen mit ihr zusammen im Urschelberg. Früher kamen sie in ihren langen weißen Kleidern und roten Strümpfen zu zweit oder zu dritt abends oft nach Pfullingen herunter, um den armen Webern beim Spinnen zu helfen.

Der Ursulaberg lockt auch naturkundlich Interessierte mit seiner Artenvielfalt. Ich war sehr erstaunt über den Reichtum an Pflanzenarten in den Waldbiotopen, auf Wacholderheiden und Halbtrockenrasen. Zudem ergibt sich an verschiedenen Stellen ein Ausblick auf Schloss Lichtenstein, dem nächsten Ziel in diesem Naturführer, auf der gegenüberliegenden Seite des Echaztales. Vom eigentlichen Ursulaberg aus gelangt man über die Elisenhütte zum Naturschutzgebiet Hohenäcker-Imenberg.

Informationen

Adresse: 72793 Pfullingen, Schulstraße 26 (Start- und Endpunkt Sagenweg) oder Wanderparkplatz Sagenweg

Anreise mit öffentlichen Verkehrsmitteln: Häufige Busverbindungen vom Bahnhof Reutlingen nach Pfullingen, Haltestelle Laiblinsplatz

i www.pfullingen.de

Olgahöhle, Echazquelle und Lichtensteinfels

Durchlöchert wie ein Schweizer Käse

Lichtenstein-Honau

34 Der Ort Honau, Schloss Lichtenstein und das Flüsschen Echaz gehören untrennbar zusammen. Schloss Lichtenstein, das auch als »Märchenschloss Württembergs« bezeichnet wird, thront auf einem steil abfallenden Felsen über der Ortschaft Honau im Echaztal. Generationen von Schülern ist die Silhouette des Bauwerks wohlbekannt, weil es das Deckblatt von Schul-Zeichenblöcken zierte. Anderen kommt womöglich sofort die bekannte Erzählung *Lichtenstein* des schwäbischen Dichters Wilhelm Hauff in den Sinn. Das Schloss selbst ist kein Naturdenkmal, es ist noch nicht einmal alt, aber die Felsgruppe aus Weißjuragestein, auf dem der Schlosskomplex ruht, ist als geologisches Naturdenkmal geschützt.

Vor allem der Ort Honau im Talgrund hat in Sachen Naturdenkmale noch mehr zu bieten, beispielsweise die Friedenslinde auf dem Kirchplatz oder im Talgrund die Olgahöhle, die längste Tuffsteinhöhle Deutschlands, benannt nach der württembergischen Königin Olga. Dazu muss man wissen, dass der Ort Honau selbst auf einem Untergrund aus Tuffstein erbaut wurde. Der Talgrund besteht aus einer 900 Meter langen, bis 400 Meter breiten und 30 Meter mächtigen Kalksinterterrasse. Dieser poröse Tuffstein war als Werkstein einst sehr begehrt. Etliche mit ihm aufgemauerte Gebäude zeugen davon. Heute ist sein Abbau streng verboten.

Bei Steinbrucharbeiten wurde die Höhle am 24. Oktober 1874 entdeckt und bereits 1875 als Schauhöhle eröffnet. Die auf 120 Meter Länge begehbare Höhle besteht aus zwei quer zum Tal verlaufenden, völlig trockenen Gängen. Die Wände sind mit vielfältigen Sinterformen wie beispielsweise dem charakteristischen »Blumen-

Schloss Lichtenstein, gebaut auf senkrecht abfallendem Felsen

Blick von der Aussichtskanzel beim Hauff-Denkmal über das dicht besiedelte Echaztal

kohlsinter«(»Blumenkohltuff«) überzogen. Es handelt sich um eine sogenannte Primärhöhle, eine sehr junge Gesteinsbildung, die zeitgleich mit dem umgebenden Gestein im Zeitraum von 3000 bis 7000 v. Chr. entstanden ist.

Dieser Tuffsteinklotz bildete sich aus Kalkausfällungen aus dem Flüsschen Echaz, das im hinteren Bereich des Taleinschnittes zu Füßen der Albhochfläche entspringt. (Genau genommen sind es mehrere Quellaustritte, die sich sogleich zu einem Bach vereinigen.) Das Quellwasser kommt sehr kalt mit einer konstanten Temperatur von 8,5 Grad aus dem Grund. Beim Kneippgang hielt ich es darin nicht lange aus. Aber ich genoss es, die feuchte Luft an dem idyllischen Quellstandort einzuatmen und freute mich darüber, als ich in der Umgebung der Quelle Gelben Eisenhut *(Aconitum lycoctonum)* entdeckte.

Vom Quellstandort führt ein Wanderpfad aufwärts Richtung Schloss Lichtenstein, teils über Geröllfelder, teils durch steil abfallendes Gelände unterhalb des Schlossfelsen. Die Ausweisung auf einem Schild als »alpiner

Steig« ist tatsächlich zutreffend. Einen falschen Tritt darf man sich auf dem glitschigen Pfad nicht erlauben. Ich war heilfroh, als ich heil oben ankam.

Gelber Eisenhut

Nach dem Aufstieg auf die Albhochfläche ging ich an dem im Stil des Historismus von 1840 bis 1842 erbauten Schloss vorbei und strebte das Hauff-Denkmal an. Die Büste des schwäbischen Dichters Wilhelm Hauff sitzt auf einem spitznadeligen Felsen und scheint auf das von ihm inspirierte Schloss Lichtenstein hinüberzuschauen. Denn hier ist es umgekehrt: Nicht ein vorhandenes Schloss inspirierte Hauff zu seiner Erzählung, sondern Hauffs 1826 veröffentlichte Erzählung begründete den Bau des Schlosses. Zu Hauffs Zeiten existierten an der Stelle lediglich die Ruinen einer einst wehrhaften Ritterburg, die um 1390 errichtet worden war. Nur wenige hundert Meter südöstlich davon liegt, ebenfalls am Albtrauf gelegen, die Burgruine Alt-Lichtenstein, die 1381 im Schwäbischen Städtekrieg zerstört und danach aufgegeben wurde.

Das Naturdenkmal Echazquelle lädt zum Kneippen in kaltem Wasser ein.

Tuffstein war beliebter Werkstein.

Der Sage zufolge soll es einen Verbindungsgang zwischen dem Schloss und der fünf Kilometer entfernten Nebelhöhle geben. Wilhelm Hauff erzählt in *Lichtenstein* die Geschichte des württembergischen Herzogs Ulrich, der im Jahr 1519 vom Schwäbischen Bund aus Württemberg vertrieben wurde und zeitweilig auf dem Lichtenstein und in der Nebelhöhle Zuflucht gefunden haben soll. Tagsüber soll er sich in der Nebelhöhle und nachts auf dem Lichtenstein aufgehalten haben.

Der Urgroßvater der heutigen Besitzerfamilie, Wilhelm Graf von Württemberg, späterer Herzog von Urach, ließ den Schlosskomplex als eine Art Eigendenkmal auf den Grundmauern der alten Ritterburg erbauen. Der Bau gilt als eine der besten Schöpfungen des romantischen Historismus in Deutschland.

Informationen

Adresse Echazquelle: 72805 Lichtenstein-Honau
Adresse Olgahöhle: 72805 Lichtenstein-Honau, Olgastraße 31
Adresse Schloss: 72805 Lichtenstein, Schloß Lichtenstein 1
Anreise mit öffentlichen Verkehrsmitteln: Vom Bahnhof Reutlingen aus verkehren über Pfullingen mehrere Buslinien (102, 400, 7606 und 7607) durch den Ort Richtung Engstingen/Gammertingen.
Auf Gemeindegebiet befindet sich auch das Naturdenkmal Nebelhöhle, eine der ältesten und schönsten Tropfsteinhöhlen Süddeutschlands.

i www.olgahoehle.de, www.gemeinde-lichtenstein.de
www.schloss-lichtenstein.de, www.hoehlen-sonnenbuehl.de

Uracher Wasserfall

Sage vom unterirdischen See

Bad Urach

35 Kaum irgendwo sonst kommt man einem Wasserfall so nahe wie beim Uracher. Er lädt zu intensivem Erleben ein. Bei meinem Besuch im Sommer drängten sich kleine und große Besucher auf den Pfaden und auf den glitschigen Moostuffpolstern im Bereich des Wasserfalls, sogar in den unwegsamen steilen Partien. Die Menschen genossen das kühle Nass und den feinen Tröpfchenschleier, den der Wasserfall versprühte.

Mini-Wasserfallkaskade auf dem Weg zum Uracher Wasserfall

Ein einmaliges Naturdenkmal mit hohem Erlebniswert: der Uracher Wasserfall

Alle strebten nach oben zu der Kalktuffstufe, wo das Wasser nach seinem annähernd freien Fall auftrifft. Von dort fließt es über ein steil abfallendes moosbewachsenes Kalktuffpolster abwärts und teilt sich dabei in mehrere Seitenarme, die sich am Fuß des Hanges wieder vereinigen; sodann strebt das Wasser als zivilisierter Brühlbach über mehrere kleine Wasserfallstufen zum Flüsschen Erms, das wiederum in Neckartenzlingen in den Neckar mündet.

Doch wo kommt das Wasser her? Das wollte ich mir anschauen und ging rechts am Wasserfallareal vorbei auf einem Pfad weiter nach oben. Ich gelangte auf ein Plateau, das mit seinen beeindruckenden alten Bäumen, darunter eine schön gewachsene Blutbuche, wie ein Landschaftspark wirkt. Die Tische und Bänke der Wasserfallhütte, einer Gartenwirtschaft, laden zum Einkehren ein. Ein Denkmal für den schwäbischen Dichter Gustav Schwab steht auch auf dem Gelände.

Bei meiner Wasserfallerkundung interessierte mich jedoch weniger das Einkehren, sondern mehr der Quellbach, der Brühlbach, der zur Abbruchkante strebt. Der kleine Bach hat sich durch Kalkausfällung eine natürliche Rinne geschaffen, die sogar wie eine Nase über die Abbruchkante hinausreicht. Über diesen Vorsprung, der immer mal wieder abbricht, ergießt sich der Brühlbach in freiem Fall 37 Meter in die Tiefe. (Bei meinem Besuch führte er nur wenig Wasser, doch nach starken Regenfällen kann er anschwellen und sich dementsprechend mit stärkerem Schwall in die Tiefe stürzen.)

Ich wunderte mich ein wenig darüber, dass das Gelände über dem Wasserfall so flach ist. Erst im Nachhinein fand ich heraus, dass ich mich auf einer Kalksinterterrasse bewegt hatte, so wie sie auch in Lichtenstein-Honau ansteht (siehe Seite 124). Oder soll ich der *Sage vom unterirdischen See* Glauben schenken, die vom Uracher Wasserfall erzählt wird?

»Dieser See lag einst offen da und war von einer Nixe bewohnt. Eines Tages erblickte sie ein junger Ritter, der sich auf der Jagd verirrt hatte, er entbrannte für sie, deren Schönheit ihn hinriß, schwur ihr ewige Treue und fand auch Gegenliebe. Jahre verstrichen und stets blieb der Ritter seinem Schwure treu. Doch endlich wurde er durch ihre beharrliche Weigerung, ihm auf sein Schloss zu folgen, des Verhältnisses überdrüssig und vermählte sich mit einem Edelfräulein. Einige Zeit nachher ritt der Ritter an dem See vorbei, da erschien ihm die erzürnte Nixe, warf ihm seine Untreue vor, und zog den vergeblich sich Sträubenden mit

Typische Schluchtvegetation: Mondviole

Wasserfallnase auf dem Plateau

sich hinab in die Tiefe; zugleich versank der ganze See unter der Erde. Einst wird aber derselbe überlaufen, die Erdrinde durchbrechen und das ganze Thal überschwemmen.« (Aus: *Sagen der Schwäbischen Alb* von Klaus Graf)

Vom Plateau aus gibt es viele Möglichkeiten weiterzuwandern, beispielsweise zur Burgruine Hohenurach oder zum Gütersteiner Wasserfall, einer kleineren Version des Uracher Wasserfalls. Ich ging zuerst in die eine Richtung, dann in die andere und freute mich an großen Beständen der Mondviole bzw. des Ausdauernden Silberblatts *(Lunaria rediviva)* und am Hirschzungenfarn *(Phyllitis scolopendrium)* im Schluchtwald.

Informationen

Adresse: 72574 Bad Urach, Wanderparkplatz Uracher Wasserfälle
Anreise mit öffentlichen Verkehrsmitteln: Von der Bahnstation Bad Urach Wasserfall (an der Bahnstrecke von Metzingen nach Bad Urach) aus verläuft entlang des Brühlbachs ein weitgehend ebener Weg bis zum Fuß des Wasserfalls.

Wimsener Höhle

Mit dem Fährmann im Kahn

Hayingen

36 Die Wimsener Höhle ist die einzige mit dem Boot befahrbare Schauhöhle Deutschlands. Sie heißt auch Friedrichshöhle, weil Herzog Friedrich II. von Württemberg, der spätere König Friedrich I., sie im Jahr 1803 besuchte. An diese Begebenheit erinnert eine Tafel, die über dem Eingang zur Höhle angebracht ist. Die lateinische Inschrift über dem Höhleneingang lautet übersetzt: »Dankbar begrüßt den hohen Besuch die hier waltende Nymphe. Fröhlicher fließet dir nun, Friedrich, die rauschende Ach. 9. August 1803 Friedrich Freiherr von Normann.«

Im quellklaren Wasser der Zwiefalter Ach gedeiht die Brunnenkresse prächtig.

Blauer Eisenhut

Von Zwiefalten sind es mit dem Auto oder auf schönem Fußweg durchs Aachtal (exakt: Zwiefaltener Aach, einem Nebenfluss der Donau) nur wenige Kilometer bis zur Wimsener Höhle. Einen einsamen Naturplatz darf man sich darunter nicht vorstellen. Schon der große Parkplatz davor deutet darauf hin, dass es sich um eine Touristenattraktion handelt. Viele Besucher kommen wohl auch wegen des idyllisch gelegenen Gasthofes in unmittelbarer Nachbarschaft hierher.

Ich finde die Wimsener Höhle vor allem wegen der Aach und der vielfältigen Vegetation im Talbereich bemerkenswert. Das frische Quellwasser der Zwiefalter Aach, die in der Höhle entspringt, und der zufließende Hasenbach bieten der Echten Brunnenkresse *(Nasturtium officinale)* ideale Lebensbedingungen. Der Bach ist für ein kleines Wasserkraftwerk aufgestaut. Auch den seltenen Blauen Eisenhut *(Aconitum napellus)* sah ich am felsigen Rand. Ich empfehle sehr, den Fußweg Richtung Zwiefalten wenigstens ein stückweit zu gehen, um dem Wasser und der Flora ganz nahe zu sein.

Die Wimsener Höhle ist nur mit dem Boot zugänglich.

Wasserwirtschaftlich erschlossen: Stauwehr an der Wimsener Mühle

Die Wimsener Höhle wurde 1447 erstmals schriftlich erwähnt. Für die Öffentlichkeit sind nur die ersten siebzig Meter per Boot zugänglich; in den hinteren Teil der Höhle gelangt man nur mit Tauchausrüstung. Höhlenforscher sind 1.260 Meter tief ins Innere eingedrungen. Im Jahr 1995 fanden sie in der Höhle Tonscherben und Menschenknochen. Diese Funde und die Tatsache, dass Bodentropfsteine vorhanden sind, deuten darauf hin, dass die Höhle in lange zurückliegenden Zeiten trocken lag und begehbar war.

Informationen

Adresse: 72534 Hayingen, Parkplatz an der Wimsener Höhle
Anreise mit öffentlichen Verkehrsmitteln: Die nächste Bushaltestelle ist in Zwiefalten. Von dort ca. 3,5 Kilometer zu Fuß dem Lauf der Zwiefalter Aach folgen.

Tiefenhöhle Laichingen und Hohler Stein

Durch Klüfte ins Erdinnere

Laichingen

37 Die Laichinger Tiefenhöhle ist etwas sehr Besonderes, weil der Besuchergang in die Tiefe führt. Sie ist gut erreichbar, auch bei Anreise mit öffentlichen Verkehrsmitteln, wie ich es tat. Vom Ortszentrum ging ich den letzten Kilometer zu Fuß und passierte dabei eine Reihe Mehlbeer-Bäume.

In die Höhle gelangt man durch ein Eingangsgebäude, in dem sich auch ein Restaurant und ein Museum befinden. Durch Türen, über Treppen und Leitern geht es in die Tiefe. Die Höhle kann man alleine erkunden, ohne Führung. An meinem Besuchstag am 16. Juni, einem regnerischen Tag, hatte ich die Höhle ganz für mich alleine. Alles war bestens ausgeleuchtet, so dass in mir kein mulmiges Gefühl aufkam. Anfangs stieg ich noch wie auf einer normalen Treppe vorwärts die steilen Eisentreppen hinab, doch dann ging ich zum Rückwärtsgang wie auf einer Leiter über.

In der Tiefenhöhle gibt es schöne Tropfsteinbildungen wie hier die Sinterfahnen.

Eingangsgebäude mit Restaurant und Museum

Nach dem Abstieg in die Tiefe geht es wieder aufwärts.

Über mehrere Plattformen und durch etliche Hallen – über die Sandhalle, die Große Halle und die Kleine Halle – führt der Weg 55 Meter in die Tiefe und dann durch den Streuselkuchengang mit streuselartigen Sinterbildungen wieder aufwärts. In einer Halle zeigen sich schöne Tropfsteingebilde.

Doch das Besondere an der Höhle sind die Klüfte, die kaminartig in die Höhe und Tiefe der Höhle reichen. Einige künstlich geschaffene Quergänge ermöglichen es, dass die Besucher in einer Richtung bis zum Ausgang in einem Nebengebäude durchgehen können. Das Höhlensystem ist insgesamt 1.372 Meter lang und 90 Meter tief; für Besucher erschlossen ist es auf 330 Metern.

Nach der Entdeckung im Jahr 1892 wurde die Höhle in mehreren Etappen ausgebaut und schließlich zur Schauhöhle erweitert. Ein kleines Höhlenmuseum im Eingangsbereich zeigt den Aufbau der Schwäbischen Alb, die Geologie, die Entstehungsgeschichte. Beim Abstieg in die Tiefenhöhle verstand ich plötzlich, wie es im Inneren der karstigen Alblandschicht aussieht und ich konnte mich in die Gesteinsschichten des Weißjura hineindenken. Ich stellte mir vor, wie ich mich hier

Im Hohlen Stein, einer geräumigen Höhle, zeigte sich einst der Waldgraf.

verzwergen, in ein Mini-U-Boot setzen und in die Klüfte fallen lassen würde, um dann im etwa zehn Kilometer entfernt liegenden Blautopf (siehe Seite 140) wieder zum Vorschein zu kommen. So fantastierte ich nach dem Lesen des nüchternen Geologensatzes: »Markierungsversuche ergaben, dass die Höhle heute zum Einzugsgebiet des Blautopfs gehört.«

Die Geschichte vom Waldgraf

Die Erkundung der Tiefenhöhle lässt sich gut mit einer Wanderung zum Hohlen Stein, einer geräumigen Höhlenruine mitten im Wald, kombinieren. Mit der Höhle verknüpft ist die Sage vom Waldgraf. Der Waldgraf, ein großer und hilfsbereiter Mann, soll im Hohlen Stein gelebt haben. Nachdem zwei Holzfäller im Wald ihre Beile verloren hatten, lud er sie in seine Höhle ein, in der sich auch ein Raum mit Gold und Edelsteinen befand – und mit zwei Beilen! Der Waldgraf erlaubte den Holzfällern, sich etwas auszusuchen. Die Männer nahmen die beiden Beile, mit denen sie so viele Bäume wie nie zuvor fällten. Der Waldgraf verbot den Holzfällern, irgendjemandem von ihm zu erzählen. Einer hielt sich jedoch nicht daran, woraufhin der Waldgraf von niemandem mehr gesehen wurde.

Die Hohle-Stein-Höhle ist eine Station am Karstkundlichen Wanderweg Laichingen, der als Rundwanderweg von der Laichinger Tiefenhöhle aus angelegt ist. Der Weg ist gut markiert, führt aber streckenweise kerzengerade auf Asphaltwegen durch kahles Gelände und unter bedrohlich sirrenden Hochspannungsleitungen entlang. Einen Skilift passiert man ebenfalls. An der Wegstrecke liegen

Naturdenkmal Feldhüle mit Sumpf-Schwertlilie

außerdem zwei für die Schwäbische Alb typische Hülen, die beide als Naturdenkmale ausgewiesen sind. Die »Feldhüle und Erdfall mit Ponor Erbsental« erweist sich als Biotopinsel in ausgeräumter Agrarlandschaft. Bei meiner Wanderung freute ich mich vor allem über die Gelben Schwertlilien in der Hüle und über den seltenen Platanenblättrigen Hahnenfuß *(Ranunculus platanifolius)* in einem Waldgebiet, das ich durchquerte.

Platanenblättriger Hahnenfuß

Informationen

Adresse: 89150 Laichingen, Höhleweg 220

Anreise mit öffentlichen Verkehrsmitteln: Laichingen ist mit dem Bus von Geislingen an der Steige aus erreichbar. Von der Bushaltestelle in der Ortsmitte aus sind es gut anderthalb Kilometer Fußweg bis zur Höhle.

i Über die Details informiert der Höhlen- und Heimatverein Laichingen e. V. auf seiner Webseite www.tiefenhoehle.de.

Blautopf und Geißenklösterle

Wo die Schöne Lau zu Hause ist

Blaubeuren

38 Den Blautopf in Blaubeuren kennt in Baden-Württemberg fast jeder. Es ist wirklich ein faszinierender Ort, den man einmal gesehen haben muss. Nur sollte man sich dafür nicht ein warmes Sommerwochenende aussuchen, so wie ich es getan habe, an dem sich die Menschen auf dem Rundweg drängen. Der Blautopf liegt hinter dem Klosterareal, angeschmiegt an den dahinter liegenden Felsen, mit dem historischen Mühlengebäude der Hammerschmiede nebendran. Ein äußerst idyllisches Fleckchen, das ich mir gut als Filmkulisse vorstellen kann. Durch ein Wehr wird das klare Wasser künstlich aufgestaut. Aus dem eigentlichen Quelltopf fließt das Wasser über in ein flaches Becken, aus dem wiederum das Flüsschen Blau entspringt. Nach etwa 200 Meter

Das unvergleichliche Türkisblau des Blautopfs zieht alle Menschen in seinen Bann.

Über ein weites Becken ergießt sich das Wasser des Blautopfs in das Flüsschen Blau.

Fließstrecke nimmt die Blau die von Schelklingen her kommende Ach in sich auf, fließt im Urdonautal Richtung Ulm und durchs Fischerviertel in der Ulmer Altstadt der Donau zu.

Der Blautopf ist eine Karstquelle; mit einer mittleren Schüttung von 2.300 Liter pro Sekunde (bei einer großen Schwankungsbreite) gilt sie nach dem Aachtopf im Hegau (siehe Seite 87) als die zweitgrößte Deutschlands. Der Blautopf hat einen Durchmesser von etwa 33 Meter und eine Tiefe von etwa 22 Meter. Sein Wasser ist immer auffallend blau oder türkis, was dadurch zustande kommt, dass das Licht an winzigen Kalkpartikel gestreut wird. Wasserpflanzen tänzeln in der Strömung. In den Randbereichen kann man auf den Grund sehen.

Mich fasziniert es, daran zu denken, welchen Weg das Wasser, das hier zutage tritt, genommen hat. Es versickert im Raum Laichingen und Feldstetten, also auch im Bereich der Tiefenhöhle Laichingen (siehe Seite 136), und fließt durch Klüfte Richtung Blautopf. Der Blautopf hat ein Einzugsgebiet von etwa 160 Quadratkilometern. Durch das klüftige, durchlässige Kalkgestein der Schwäbischen Alb sickert das Wasser in den Untergrund und sammelt sich in unterirdischen Höhlensystemen. Es braucht nur wenige Tage für den Weg von der Albhochfläche bis zum Austritt in den Blautopf.

Ich wunderte mich sehr, als ich las, dass Höhlenforscher erst 1957 vom Grund des Quelltopfs in das Blautopfhöhlensystem eintauchten. Von der Sohle verläuft die Blautopf-Unterwasserhöhle zunächst in westliche, dann in nordwestliche Richtung. Erforscht ist sie bisher auf einer Länge von elf (!) Kilometern. Die Forscher bewegen sich dabei durch faszinierende Höhlenräume, teils wasser-, teils luftgefüllt: Der größte Höhlenraum, der »Mörikedom«, ist etwa 125 Meter lang, 25 Meter breit und 30 Meter hoch. »Wolkenschloss« und »Im Reich der schönen Lau« heißen andere Höhlenräume.

Der Blautopf ist literarisch in Eduard Mörikes Kunstmärchen *Historie von der Schönen Lau* verewigt, das ursprünglich ein Binnenmärchen in *Das Stuttgarter Hutzelmännchen* war. Eduard Mörike schreibt über die Quelle und die schöne Lau: »Der Blautopf ist der große runde Kessel einer wundersamen Quelle, bei einer jähen Felsenwand gleich hinter dem Kloster. Gen Morgen sendet er ein Flüßchen aus, die Blau, welche der Donau zufällt. Dieser Teich ist einwärts wie ein tiefer Trichter, sein Wasser von Farbe ganz blau, sehr herrlich, mit Worten nicht wohl zu beschreiben; wenn man es aber schöpft, sieht es ganz hell in dem Gefäß. Zu unterst auf dem Grund saß ehmals eine Wasserfrau mit langen fließenden Haaren. Ihr Leib war allenthalben wie eines schönen, natürlichen Weibs, dies eine ausgenommen, daß sie zwischen den Fingern und Zehen eine Schwimmhaut hatte, blühweiß und zärter als ein Blatt vom Mohn …« (Aus: Eduard Mörike. Werke. Sonderausgabe *Die Tempel-Klassiker*. Emil Vollmer Verlag, Wiesbaden o. J.)

Mörikes erdichtete Geschichte spielt sich so ab: Ein Stuttgarter Schustergeselle, der mit Wunderschuhen im Land unterwegs war, begegnete am Blautopf eben jener Wasserfrau, der Schönen Lau. Diese war die Frau eines Wasserkönigs im Schwarzen Meer und in den Blautopf verbannt worden, weil sie keine lebenden Kinder gebären konnte. Erst wenn sie

In der Umgebung von Blaubeuren reiht sich Fels an Fels, wie hier das Geißenklösterle.

wieder lachte, sollte sie von dem Fluch, der auf ihr lastete, befreit werden. Das gelang mit der Hilfe von guten Menschen aus Blaubeuren, so dass sie schließlich zu ihrem Gemahl, dem Wasserkönig, zurückkehren konnte.

Der Schönen Lau ist gleich bei der Hammerschmiede ein Denkmal gesetzt worden. Fritz von Graevenitz schuf die Figur.

Informationen

Adresse: 89143 Blaubeuren, Blautopfstraße 7–9 (Blautopfhaus Schönhofer am Blautopf)
Anreise mit öffentlichen Verkehrsmitteln: Vom Bahnhof Blaubeuren sind es zu Fuß knapp zwei Kilometer bis zum Blautopf.
i www.blautopf.de
www.blauhoehle.org
Im Nachbarort Schelklingen (siehe Seite 144) gibt es zwei weitere, kleinere Karst-Quelltöpfe, die der Ach und der Urspring.

Hohle Fels und Sirgenstein

Spektakuläre Eiszeitkunst im Fels

Schelklingen

(39) Es ist kaum zu glauben, was sich hinter dem äußerlich unspektakulären Hohle Fels verbirgt. Forscher entdeckten hier erst im Jahr 2008 bei Grabungen eine der weltweit ältesten figürlichen Darstellungen des menschlichen Körpers, die »Venus vom Hohle Fels«, und das älteste Musikinstrument der Welt, die »Geierknochenflöte«. Diese Funde stammen aus der Epoche der Altsteinzeit vor 40.000 Jahren. Für Europa wurde durch diesen Fund erstmals nachgewiesen, dass die Menschen mit Flöten musizierten. Die Forscher fanden Werkzeuge aus Feuerstein und Knochen, Schmuck aus Mammutelfenbein und Knochen von erbeuteten Tieren. Die figürlichen Darstellungen zeugen von der Entstehung des menschlichen Geistes, der sich in Kunst, Symbolen, Musik, Ritualen und Glaubensvorstellungen ausdrückt.

Der »Hohle Fels« wurde 2017 zusammen mit fünf weiteren Höhlen im Ach- und Lonetal in die UNESCO-Welterbeliste aufgenommen und wird unter der Bezeichnung »Höhlen und Eiszeitkunst auf der Schwäbischen Alb« geführt. Mit dabei sind die nahe gelegenen Höhlen »Sirgenstein« und »Geißenklösterle« (auf dem Stadtgebiet von Blaubeuren, siehe Foto Seite 143).

Im nördöstlich von Ulm gelegenen Lonetal befinden sich die Höhlen Vogelherd (siehe Band 1 von *Sagenhafte Naturdenkmale Baden-Württemberg*), Hohlenstein und Bockstein.

In den Höhlen selbst sind keine Kunstwerke zu sehen. Präsentiert werden die Funde vor allem im Urgeschichtlichen Museum in Blaubeuren (www.urmu.de), im Museum Ulm (www.museumulm.de) und im Archäopark an der Vogelherdhöhle bei Niederstotzingen-Stetten (www.archaeopark-vogelherd.de).

Das Naturdenkmal Hohle Fels barg die nach ihm benannte Venus vom Hohle Fels.

Quelltopf der Ach bei Schelklingen

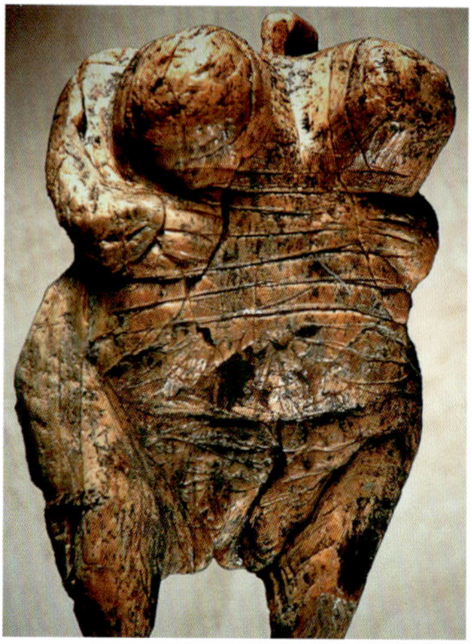

Die berühmte Venus vom Hohle Fels

Am Rande des Achtals zwischen Schelklingen und Blaubeuren reiht sich Felsen an Felsen. Ihrer Form entsprechend heißen sie »Küssende Sau« oder »Brillenhöhle«. Auch sie sind Gegenstand archäologischer Forschung. Interessant zu erwähnen ist, dass die Ach im Urstromtal der Donau fließt. Das breite, tief eingeschnittene Tal hat die Ach nicht ausgeformt. Das Flussbett der Donau liegt jetzt weiter südlich. Den besten Panoramablick auf die Felsen hat man vom Zug aus – ein Abschnitt der Bahnstrecke Ulm–Donaueschingen verläuft parallel zur Ach.

Informationen

Adresse: 89601 Schelklingen, Hohler-Felsen-Weg (für Fußgänger und Radfahrer), Parkplatz für Autofahrer auf der anderen Seite der Ach, von der B 492 her anfahrbar.

Anreise mit öffentlichen Verkehrsmitteln: Der Hohle Fels liegt etwa zwei Kilometer entfernt vom Bahnhof Schelklingen und ist zu Fuß gut erreichbar.

i Informationen zu Öffnungszeiten der Höhle: www.museum-schelklingen.de

Bärenhöhle und Wolfstal

Hotspot der Naturschätze

Lauterach

40 An meinem Exkursionstag führte mich mein Weg von Rechtenstein über den Hochberg zunächst nach Reichenstein und über die Burgruine ins Große Lautertal. Von der idyllisch gelegenen Gaststätte Laufenmühle, die zum Einkehren lockt, ging ich ein Stück talaufwärts in Richtung der Lauterachaquädukte.

Von dem Weg zweigt ein schmaler Fußpfad zur Bärenhöhle und zum Wolfstal ab. Der Weg führt stetig bergauf, um sich dann über einen kleinen Grat wieder nach unten zu winden. Und da stand ich dann vor der dunklen Höhle, vor dem Schlund, der tief in den Fels hineinreicht. Geräumig, vor Wind und Wetter Schutz bietend. Da kann man sich gut vorstellen, dass die Höhle in der Steinzeit besiedelt war und dass von hier aus Menschen im unterhalb liegenden Wolfstal auf die Jagd gingen.

Zur Eiszeit war die geräumige Bärenhöhle bewohnt.

Das schattige Wolfstal verläuft zwischen eng stehenden Felsen.

Im Wolfstal war es an dem sonnigen Wandertag im Gegensatz zur offenen Umgebung schattig und kühl. Ich wanderte zwischen senkrecht aufsteigenden, von Moosen umhüllten Felsen mit Höhlungen. Das wollte gar nicht mehr aufhören mit den Felsengängen. Eine Kulisse für einen Märchenfilm, dachte ich so für mich. Mir fiel auf, dass den Talgrund kein Bach durchfließt. Es handelt sich um ein Trockental. In diesem Tal brachen sich einst Wassermassen ihre Bahn durch den Fels. Unvorstellbar, aber vor Jahrmillionen doch geschehen. Geologie zum Anfassen.

Ich wendete mich dem Ausgang des Wolfstals zu, an dem es reichlich Parkplätze und ein Info-Zentrum mit Restaurant und großem Spielplatz gibt. Von hier aus folgte ich dem Lauf der Großen Lauter durch Lauterach hindurch talabwärts, begleitet von vielfältiger Vegetation und einer Wasserrinne, über die Wasser von der Großen Lauter einem Wasserwerk zugeführt wird.

Das Gelände geht über in das Naturschutzgebiet »Flusslandschaft Donauwiesen zwischen Zwiefalten und Munderkingen«. Der Fuß- und Radweg verläuft hier direkt an der ruhig dahinfließenden Donau, in die das Ufergebüsch hineinhängt. Über den Schwaden von Wasserhahnenfuß flirrten blaue Libellen. Hier scheint der Fluss ungezähmt zu sein. Dann kam hinter den Talwiesen die Klosteranlage Obermarchtal in den Blick. In der Klosteranlage, die heute Bildungshaus der katholischen Kirche ist, hatte ich tatsächlich noch weitere Naturerlebnisse: eine riesige, als Naturdenkmal ausgewiesene Linde und eine Storchenfamilie auf einem Kamin. Zum Abschluss der naturkundlich, historisch und wasserwirtschaftlich interessanten Tour nahm ich unter der Brücke von Obermarchtal noch ein erfrischendes Bad in der Donau.

Geisterhöhle

Vom Bahnhof Rechtenstein kommend liegt donauaufwärts, direkt oberhalb des Donauradwegs, die Geisterhöhle (siehe Foto Seite 10), deren Besuch sich auf jeden Fall lohnt, wenn man hier ist. Zur Donau hin zeigt sich ein großer Spalt, in dem eine Treppe aufwärts zur Höhle führt. Oben angekommen wehte mir ein kalter Hauch aus dem geräumigen Höhleninneren mit mehreren seitlichen Höhlungen entgegen. Ob dieser kalte Lufthauch der Grund für die Namensgebung ist, fragte ich mich – wie der Hauch eines Geistes?

Informationen

Adresse Bärenhöhle und Wolfstal:, 89584 Lauterach, Parkplatz Wolfstal

Anreise mit öffentlichen Verkehrsmitteln: Nächste Bahnstation ist der Bahnhof Rechtenstein im Donautal. Der Ort Lauterach wird nur wenige Male am Tag mit dem Bus angefahren.

Adresse Geisterhöhle: 89611 Rechtenstein, Hayinger Straße 4

Anreise mit öffentlichen Verkehrsmitteln: Von der Bahnstation Rechtenstein aus sind es 300 Meter Fußweg bis zur Höhle.

i www.lauterach.de, www.obermarchtal.de

Bussen

Der bewachte Schatz im Bussen

Uttenweiler-Offingen

41 Vom Donautal aus hatte ich den Bussen bereits gesehen und mir vorgenommen, den Berg, diese weithin sichtbare Landmarke Oberschwabens aufzusuchen. Er gilt sogar als der »heilige Berg« Oberschwabens. Vom Vorplatz der Wallfahrtskirche St. Johannes Baptist und vom Bergfried der alten Burganlage aus wiederum hat man einen hervorragenden Rundumblick über das Land – nach Süden über Oberschwaben bis zu den Alpen und nach Norden zur Schwäbischen Alb. Der 767 Meter hohe Bergrücken überragt das umgebende Land so weit, dass er während der Eiszeit von den Gletschern nur umspült wurde. Er war nicht eiszeitlich überlagert. Im Inneren besteht er aus Ablagerungen der Oberen Süßwassermolasse, einem weichen Gestein.

Der Bussen wurde früh besiedelt; Reste der mittelalterlichen Burganlage sind erhalten, vor allem der massige Bergfried, der als Aussichtsturm fungiert.

Der Bussen gilt als der heilige Berg Oberschwabens.

Bei der starken Präsenz des Bussen verwundert es nicht, dass sich einige Sagen um ihn ranken. Einer zufolge streiten bisweilen zu mitternächtlicher Stunde drei feurige Riesen auf dem Berg miteinander. Sie sollen mit den Füßen wild auf den Boden stampfen und mit mächtigen Waffen aufeinander einschlagen, bis nach allen Seiten Funken und Flammen stieben. Kurz nach Mitternacht verschwänden sie wieder. Die Riesen sollen drei Brüder sein, die in bitterer Feindschaft miteinander leben und bis in alle Ewigkeit keine Ruhe finden können.

Erhoffter Zugang zu den Schätzen in den Tiefen des Bussen über den Bergfried

Netter ist die Sage vom Schatz, der tief im Bussen versteckt liegen soll. Eine Truhe voller Gold! Wer den Schatz heben will, muss Schlag Mitternacht durch den Bergfried der alten Bussenburg in die Tiefe steigen. Aber damit ist es noch nicht getan. Schatzsucher müssen drei Proben bestehen: Zunächst müssen sie an einem uralten Weib vorbei, das Wolle spinnt und ein Mühlrad als Wirtel am Faden hängen hat. Nach diesem Faden schnappt ständig eine Schere, so dass man beim Passieren Gefahr läuft, von dem Mühlstein erschlagen zu werden. Dann muss der Schlüssel zur Truhe einer feuerspeienden Schlange aus dem Maul gerissen und ein riesiger, schwarzzottiger Pudel verjagt werden. Nur wer diese Gefahren besteht, gelangt zum Schatz. Alle mutigen Burschen, die es schon versucht haben, kehrten unverrichteter Dinge zurück.

Von der Terrasse vor der Kirche hat man einen Panoramablick bis zu den Alpen.

Die gelbe Raute weist den Weg zur Bussenruine.

Informationen

Adresse: 88524 Uttenweiler-Offingen, Zum Bussen 43 (Parkplatz)
Anreise mit öffentlichen Verkehrsmitteln: Von den Bahnhöfen in Riedlingen oder in Biberach (Riß) mit dem Bus 380 bis Uttenweiler.

Vom Weiler Bussen führt ein Fußweg steil nach oben zur Wallfahrtskirche und zur Ruine.

Federsee

Die versunkene Stadt im Federsee

Bad Buchau

42 Vom Bussen (siehe Seite 150) aus ist die Wasserfläche des Federsees als schmaler glänzender Streifen zu erkennen (wie umgekehrt auch der Bussen vom Federsee aus zu sehen ist).

Der Federsee ist ein Relikt der Eiszeit, er war einmal der zweitgrößte See Baden-Württembergs, bis er nach und nach verlandete. Durch Trockenlegungen zur Urbarmachung von Land schrumpfte die Wasserfläche weiter. Heute ist die Wasserfläche von einem breiten Schilfgürtel umgeben, an den sich weitere Vegetationszonen anschließen. Durch den Bau eines Wehres am Abfluss, dem Federseekanal, gelang es, den Wasserspiegel des Sees wieder etwas anzuheben, so dass sich die Verlandung nicht weiter fortsetzt.

Abendstimmung über dem Federsee

Der Federseerundweg führt teils durch Birkenwald.

Die offene Wasserfläche ist vom Ufer aus nicht direkt zugänglich, sondern über einen 1,4 Kilometer langen hölzernen Steg erreichbar, der in Bad Buchau beginnt. (Ein weiterer Zugang per Boot ist von Seekirch aus möglich.) Beim Gehen über den Steg bietet sich ein einzigartiges Naturschauspiel mit Schilf, Vögeln, Biber, Schwimmpflanzen und Himmel als Akteuren. An der tiefsten Stelle ist der See nur gut zwei Meter tief. So finden auf dem Seegrund wurzelnde Wasserpflanzen wie die Teichrose *(Nuphar lutea)* gute Bedingungen. Zum Schwimmen lädt der See allerdings nicht ein; es ist auch verboten.

Bei meiner Federsee-Exkursion konnte ich die ganz besondere Sonnenuntergangsstimmung an einem lauen Frühherbstabend genießen. Der sich rosa verfärbende Abendhimmel spiegelte sich auf der Wasserfläche und tauchte alles in ein zauberhaftes Licht.

Ich wollte mich dem See aber doch noch weiter nähern, mich mit ihm vertraut machen, und beschloss daher, ihn am folgenden Tag samt Schilfgürtel zu Fuß zu umrunden. Der 16 Kilometer lange Federseerundweg führt teils durch Birkenwald mit heideartigen Flächen, durch Uferrandzonen, dann über freies Feld, durch Alleen. In Allensbach kam ich an einer aktuellen Ausgrabungsstätte vorbei, an der sich beobachten lässt, wie archäologische Forschung betrieben wird.

Der Federsee ist nicht nur ökologisch gesehen, in Sachen Artenvielfalt, ein Hotspot, sondern auch in Bezug auf die Besiedlungsgeschichte. Ausgrabungen förderten viele Reste früherer Besiedlung über einen Zeitraum von Tausenden von Jahren zutage. Gar eine gut befestigte Burg auf Pfählen hat es im Federsee gegeben.

Als ich das Modell der Burg im Federseemuseum sah, dachte ich mir, dass die Sage von der versunkenen Stadt im Federsee einen Wahrheitskern hat. Der Sage zufolge soll mitten im See auf einer Insel eine Stadt existiert haben, die von einer Mauer mit Tortürmen umgeben war. Auch eine mächtige Kirche soll Teil des Ensembles gewesen sein. Die Bewohner der Stadt seien im Laufe der Zeit immer wohlhabender geworden, hätten dabei jedoch ihre christlichen Pflichten vernachlässigt; kaum jemand sei noch in die Kirche gegangen. Stattdessen veranstalteten die Stadtbewohner ausgelassene Feste und Tanzereien. Dann sollen eines Tages unzählige Kähne aus dem Nebel aufgetaucht sein und pfeilgerade auf die Inselstadt zugehalten haben. Die feindlichen Haufen hätten die Stadt in Schutt und Asche gelegt, und die Bewohner – bis auf einen einzigen – erschlagen. Als die betrunkenen Sieger in der Nacht im Schlaf lagen, sei die Stadt gesunken. Nur wer genau hinschaue, könne bei hellem Licht und bei niedrigem Wasserstand die Kirchturmspitze entdecken. Manche wollen schon Glockenläuten, Hundegebell und das Krähen der Hähne aus der versunkenen Stadt gehört haben.

Vom Federseesteg aus lassen sich Vögel hervorragend beobachten.

Informationen

Adresse Federseesteg: 88422 Bad Buchau, August-Gröber-Platz 1
Anreise mit öffentlichen Verkehrsmitteln: Vom Bahnhof Bad Schussenried gibt es Busverbindungen nach Bad Buchau.
An die offene Wasserfläche des Federsees gelangt man nur über den 1,4 Kilometer langen Federseesteg.

Ich empfehle, die Exkursion an den Federsee unbedingt mit dem Besuch des Federseemuseums zu verbinden. Dort sind im Freilandbereich Pfahlbauten aus verschiedenen Besiedelungsepochen aufgebaut (www.federseemuseum.de). Kleinere Modelle befinden sich im Museumsgebäude.
Auch das NABU-Naturschutzzentrum Federsee ist einen Besuch wert (www.nabu-federsee.de).

Schussenquelle, Erratischer Block und Schussenmündung

Wohin die Zunge des Gletschers reichte

Bad Schussenried und Langenargen

43 Mir war es im Zuge meiner Flusserkundungen schon lange ein Anliegen, die Schussenquelle aufzusuchen, deren Mündung in den Bodensee ich bereits kannte und die eine ausgesprochen interessante

Naturdenkmal Schussenquelle: Hier beginnt die Schussen ihren Lauf zum Bodensee.

Eiszeitliches Relikt: Erratischer Block

Szenerie bietet. Die Schussen mündet nach etwa 59 Kilometer Lauf durch Oberschwaben zwischen dem Eriskircher Ried und Langenargen-Schwedi in den Bodensee. Sie ist dessen fünftgrößter Zufluss nach Alpenrhein, Bregenzer Ach, Argen und Altem Rhein. In ihrem breiten Mündungsbereich halten sich viele Wasservögel auf – Möwen, Schwäne, Haubentaucher und viele mehr. Sie ist ein Paradies für Vögel und Vogelkundler gleichermaßen, die hier ausgerüstet mit Ferngläsern und Teleobjektiven geduldig auf der Lauer liegen und beobachten, zählen, erfassen und fotografieren.

Die ziemlich genau nördlich davon gelegene Schussenquelle, die als flächenhaftes Naturdenkmal (1,1 Hektar) ausgewiesen ist, liegt vor dem Endmoränenbogen der Würm-Eiszeit, der hier einen Abschnitt der oberirdischen Europäischen Hauptwasserscheide bildet. Südlich davon zieht das Wasser zum Bodensee und damit zum Rhein. Nördlich davon fließen die Bäche und der Abfluss des Federsees der Donau zu.

Die Schussenquelle liegt in einer kleinen Senke in einem Waldgebiet, durch das auch die stillgelegte Bahnstrecke von Bad Schussenried nach Riedlingen, das »Buchauer Zügle«, verläuft. Schmale Pfade führen zur Quelle; Trittsteine sind im und um den Quellbereich verlegt. Mehrere kleine seitliche Quellaustritte vereinigen sich in einem flachen Becken, das zu einem Kneippgang einlädt. Vor der Entwässerung eines nördlich angrenzenden Riedgebietes war der Quellbereich größer und führte mehr Wasser.

Wer dem Weg entlang der Bahnlinie folgt, gelangt nach etwa 200 Metern zu einem weiteren Naturdenkmal, einem Erratischen Block, landläufig als Findling bezeichnet. Er wurde durch Würm-Eiszeit-

Der Bereich der Schussenmündung ist ein Paradies für Vögel.

Gletscher in diese Gegend weit nördlich der Alpen verfrachtet und ist mit sechs Meter Breite und vier Meter Höhe der größte bekannte Erratische Block im Landkreis Biberach. Seine Lage zeigt die maximale Ausdehnung des Würmgletschers, mit dem er transportiert wurde, nach Norden an. Anhand der Gesteinsart – glaukonitischer Sandstein – kann man ihn dem Alpenraum zuordnen.

Informationen

Adresse Schussenquelle: 88427 Bad Schussenried, Zum Schussenursprung (nördlich von Bad Schussenried-Roppertsweiler)
Adresse Schussenmündung: 88085 Langenargen, Schwedi 1
Anreise mit öffentlichen Verkehrsmitteln: Vom Bahnhof Bad Schussenried aus sind es zu Fuß etwa vier Kilometer, von der Stadtmitte aus etwa zwei Kilometer in nördliche Richtung.

Haubentaucherpärchen in der Schussen

Die Laurasage

Weingarten und Ravensburg

44 Das Lauratal mit der Haslachburg zwischen Weingarten und Schlier ist ein sagenträchtiger Ort. Hier sind die im Oberschwäbischen weithin bekannten Laurasagen verortet, und die Welfensage gleich mit dazu. Wobei zu sagen ist, dass »Lauratal« ein Kunstname

Barbarossastein am Ort der ehemaligen Haslachburg

ist; tatsächlich fließt im Tal die Scherzach. Die Inschrift auf dem Barbarossastein, ein Denkmal auf dem Areal der ehemaligen Haslachburg am Rand des Scherzachtals, legt nahe, dass in der einstigen Burg Kaiser Friedrich Barbarossa von Hohenstaufen geboren wurde. Ob das stimmt, ist mehr als fraglich. Dokumente belegen jedoch, dass Barbarossa am 13. November 1187 mit seinem Sohn, Herzog Konrad, auf der Haslachburg weilte.

Weißstorch bei Weingarten

Von der Burg selbst ist nichts mehr vorhanden. Nur der Treppenaufstieg über einen schmalen Grat und ein Geländeeinschnitt, den man als Halsgraben interpretieren kann, lassen etwas von der ehemaligen Burganlage erahnen. Das Gelände, das sich entlang der Scherzach zieht, ist sehr feucht, was sich an dem großen Vorkommen von Schachtelhalm und Sauergräsern zeigt. Auch Hexenkraut sah ich viel.

Eine der Laura-Sagen lautet, kurz gefasst, so: Auf der Haslachburg lebte der alte Ritter Dagobert mit seiner Tochter Laura. Ritter Adalbert von einer Nachbarburg war in Laura verliebt. Nach seinem Besuch am Vorabend der Hochzeit ritt er voller Vorfreude durch ein aufziehendes Gewitter nach Hause. Der Blitz schlug in die Haslachburg ein und setzte die Burg in Flammen. Laura konnte ihren Vater zwar noch aus den Flammen retten, doch starb er kurz darauf in ihren Armen. Laura machte sich daraufhin auf den Weg zu ihrem Bräutigam. Der wiederum hatte sich mit seinem Pferd auf den Weg zurück zu seiner Verlobten gemacht, als er die Flammen aus der Haslachburg schlagen sah. Als er die reißende Scherzach überqueren wollte, riss ihn der Fluss samt Pferd und Brücke mit sich. Laura erreichte just in dem Moment die Brücke, als das Unglück geschah und sah Adalbert mit den Wellen kämpfen. Verzweifelt stürzte sie sich in die Fluten, um mit ihrem Liebsten das nasse Grab zu teilen. Seitdem soll immer mal wieder um die Mitternachtsstunde eine Gestalt in weißem Gewand

Das Überqueren der Scherzach im »Lauratal« ist heute gefahrlos möglich.

und in Nebelschleier gehüllt in der Nähe der Lauraburg gesehen worden sein. Manchmal besucht sie Weingarten und harrt noch immer ihrer Erlösung. Bei der Sage handelt es sich um eine Wandersage, deren Handlung sich an verschiedenen Orten festmacht. Ganz ähnlich wird sie beispielsweise am Bodensee in Sipplingen (siehe Seite 180) erzählt.

Informationen

Adresse: 88250 Weingarten, Parkplatz am Lauratal am Ortsausgang Richtung Schlier

Anreise mit öffentlichen Verkehrsmitteln: Weingarten ist von der Bahnstation Ravensburg aus sehr gut mit dem Bus erreichbar.

Zundelbacher Linde und Stiller Bach

Auf hoher Wacht

Schlier

45 Etwa einen Kilometer östlich des Scherzachtals befindet sich das Naturdenkmal Zundelbacher Linde. Die Einheimischen sagen schlicht »Lindele« zu dem Aussichtspunkt, auf dem neben der Linde auch eine Kiefer steht.

Schon die Landkarte weist auf ihre exponierte Lage hin, die sich in natura auf einer 622 Meter hohen Hügelkuppe stehend vor dem Hintergrund des Taleinschnittes des Schussentals bestätigt. Die nahen Städte Weingarten und Ravensburg sieht man von hier aus nicht, dafür die Landschaft westlich des Schussentals.

An meinem Wandertag war ich ganz alleine auf dem »Lindele«. Aber ich kann mir vorstellen, dass dieser Ort an Wochenenden gut

Die Zundelbacher Linde hält auf der Höhe Wacht.

Vielfältige bäuerliche Kulturlandschaft in der Gemeinde Schlier

besucht ist – wegen der Aussicht, aber auch weil das Lokal »Lindele« zur Einkehr lockt. Zum »Lindele« gelangt man nur zu Fuß, entweder über den Katzenstieg am Zundelbacher Hof oder vom vorbeiführenden Wanderweg aus.

Bei meiner Exkursion erhob sich die Zundelbacher Linde über einem Acker mit fast erntereifem, bräunlich-rötlich abreifendem Dinkel, was einen schönen farblichen Kontrast ergab. Ein Fotomotiv par excellence; ich konnte gar nicht aufhören zu fotografieren, von allen Seiten, mit und ohne Dinkelacker, bei wechselnden Belichtungen, weil sich bei drohendem Gewitter immer wieder dunkle Wolken vor den blauen Himmel schoben.

Bei diesem Naturdenkmal handelt es sich um eine beeindruckende, schön gewachsene Winter-Linde *(Tilia cordata)* mit weit ausladender, kugeliger Krone. Die Gemeinde datiert das Pflanzjahr auf das Jahr 1872, also ein Jahr nach dem Deutsch-Französischen Krieg 1870/71. Die Zundelbacher Linde wird deshalb auch als Friedenslinde bezeichnet. Doch diese Angabe zum Pflanzjahr mochte ich angesichts des mächtigen

Stammes nicht glauben. Beim Nachschlagen in dem Buch *Wege zu alten Bäumen* fand ich die Altersangabe von etwa 370 Jahren. Das scheint mir eher zu dem mächtigen Baum mit dem Stammumfang von etwa fünf Metern zu passen.

Bei meiner Wanderung nahm ich die Landschafts- und Siedlungsstruktur in diesem oberschwäbischen Landstrich wahr: die Einzelhöfe und Mini-Weiler, die sanft gewellte Landschaft mit Grünland und Streuobstbäumen, die Bauerngärtchen, Stände für bäuerliche Selbstvermarktung und Wegkreuze – und mit Ausblicken zum höher gelegenen Altdorfer Wald mit der Landmarke des geschichtsträchtigen Schlosses Waldburg (siehe Seite 171). Bei meiner Wanderung freute ich mich auch über Baum-Naturdenkmale am Sträßchen von Eratsrain nach Schattbuch: eine Gewöhnliche Esche *(Fraxinus excelsior)* und eine Stiel-Eiche *(Quercus robur)*. Die Gemeinde scheint mit 17 als Naturdenkmale ausgewiesenen Einzelbäumen ein besonderes Augenmerk auf alte Bäume zu legen, was ich wohlwollend vermerkte. Ein Tag mit intensivstem Landschaftserleben!

Stiller Bach und Kocherlöcher

In Unterankenreute, auf dem Gemeindegebiet von Schlier, liegen auch die als Naturdenkmal ausgewiesenen Kocherlöcher. Diese von Schilf umgebenen Quelltöpfe gehören zum Gewässersystem des Stillen Baches, eines annähernd tausend Jahre alten Bewässerungs- und Kanalsystems, das einst das Kloster in Weingarten mit Wasser versorgte. Das Wasser wurde und wird noch heute in kunstvoll angelegten, teils in Kehren verlaufenden Gräben mit geringem Gefälle zu Mühlen und Wiesen geleitet. Der Rössler Weiher gehört als Wasserrückhaltebecken mit zu diesem System. Dass das Gelände hier feucht ist, erkannte ich an den Störchen, die über eine Wiese staksten.

Die Stadt Weingarten und die Gemeinde Schlier haben entlang des Stillen Baches einen Wasserbauhistorischen Wanderweg angelegt, um auf die große UNESCO-Kulturerbe-würdige Bedeutung des Gewässersystems hinzuweisen.

Abschnitt des Kanalsystems »Stiller Bach«

Informationen

Adresse: 88281 Schlier, nahe Zundelbach und Schattbuchhof. Wer mit dem Auto anreist, orientiert sich Richtung Schattbuchhof (www.schattbuchhof.de). Die Linde befindet sich ein paar hundert Meter westlich davon in freiem Gelände auf einer Kuppe.

Anreise mit öffentlichen Verkehrsmitteln: Die Zundelbacher Linde ist nur zu Fuß erreichbar. Von Weingarten her kommend am besten der Ausschilderung Stiller Bach und Rösslerweiher folgen. Weitere Schilder weisen den Weg zur Linde.

Zeller See und Burgermoos

Geisterhund am Galgenbühl

Kißlegg

46 Der Luftkurort Kißlegg empfängt alle, die mit der Bahn anreisen, freundlich: Gleich gegenüber vom Bahnhof beginnt der Schlosspark, durch den ein Fußweg zum Neuen Schloss, das als Rathaus fungiert, und weiter zum Zeller See führt. Kißlegg hatte ich wegen der Naturschätze und des reichen Sagenschatzes, der sich in der Gegend erhalten hat, als Reiseziel ausgesucht. Der Kißlegger Lehrer Paul Moser (1901–1970) schrieb Mitte des letzten Jahrhunderts die teils nur mündlich überlieferten Sagen auf. Sie handeln wie andernorts auch von vergrabenen Schätzen, von goldenen Kegelspielen, Geheimgängen und Feuerkugeln – oft mit der Absicht, die Leute vom rechten Glauben zu überzeugen oder sie moralisch zu festigen. Der Zeller See soll der

Um Kißlegg und den Zellersee herum sind viele Sagen verortet.

Im Burgermoos bei Kißlegg kommt man der Moorvegetation sehr nahe.

Überlieferung zufolge seinen Namen von einer »Zelle« haben, in der sechs fromme Brüder lebten, mitten in einem großen Wald gelegen, mit einer Quelle daneben.

Eine Sage handelt vom Geisterhund ohne Kopf, der sich des Nachts um den Galgenbühl südlich des Zeller Sees herumtrieb und die Leute in Angst und Schrecken versetzte, so dass sie um diesen kleinen Hügel einen Bogen machten. Dem Spitalmeister namens Dominikus Sorg im Nachbarort, in Bärenweiler, soll dieses unheimliche Geistervieh einmal begegnet sein. Es hockte mitten auf dem Weg und lief neben dem vor Angst und Aufregung schwitzenden Spitalmeister her. In der Nähe des Sees verschwand es. Auch die Gäule sollen pudelnass gewesen sein, als der Spitalmeister sie ausspannte. (Aus: Internetveröffentlichung der Freiwilligen Selbstkontrolle der Kißlegger Narretei, abrufbar

Eschen sieht man in Oberschwaben häufig und hier sogar als Allee.

Gelber Graustieltäubling

unter www.hudelweb.de: Kißlegg geht graben. Schätze, Gold & Sagen. Paul Moser: Kißlegger Sagenwelt) Diese Sage hatte ich im Kopf, als ich vom Südende des Zeller Sees aus einen Abstecher zum Naturdenkmal Schwingsee machte und am Galgenbühl vorbeikam. Geisterhaft schien mir die Gegend nicht, sondern höchst weltlich, direkt neben der Bahntrasse der Strecke von Kißlegg nach Wangen, die am Schwingsee vorbeiführt.

Burgerweg durchs Burgermoos und Eschenallee
Eigenartigerweise fand ich zum Burgermoos keine Sage, wahrscheinlich, weil das Moor so selbstverständlich da war und intensiv genutzt wurde. Im Burgermoos wurde noch bis in die 1950er Jahre Torf abgebaut und als Brennmaterial verwendet. Bauliche Spuren des Abbaus sind heute noch zu sehen und Stationen auf dem Lehrpfad. Auf der Spur der Bahn, die den Torf aus dem Gelände brachte, verläuft heute ein Holzplankenweg. Der Weg führt durch ein sekundäres Moorbiotop, durch eine Zwergstrauchheide mit Heidekraut, Rauschbeere, Birken und Blutwurz.

Informationen

Adresse: 88353 Kißlegg
Wer mit dem Auto anreist, parkt zum Begehen des Burgermoos-Lehrpfades an der Familienfreizeitstätte an der Straße Richtung Krumbach. Vom Startpunkt aus führt eine als Naturdenkmal geschützte Eschenallee ortsauswärts. Überhaupt fiel mir bei meinen Erkundungen in Oberschwaben auf, dass es dort viele mächtige Eschen gibt.
Anreise mit öffentlichen Verkehrsmitteln: Kißlegg ist Bahnstation an der Bahnstrecke Aulendorf–Wangen–Hergatz (bei Lindau) sowie an der Strecke Aulendorf–Leutkirch. Alle angegebenen Ziele sind vom Bahnhof aus zu Fuß erreichbar.

Spuren der Eiszeit

Waldburg

47 Schloss Waldburg, östlich von Ravensburg gelegen, überragt den Ort, zieht weitum den Blick auf sich. Wegen der exponierten Lage mit Fernsicht ins Alpenvorland, auf die Schweizer Alpen, bis zum Hohentwiel bei Singen und sogar zum Ulmer Münster ist es naheliegend, dass die Burg um 1820 für das Setzen eines trigonometrischen Punktes zur Vermessung des Königsreiches Württemberg ausgewählt wurde.

Unmittelbar neben dem Schlosshügel duckt sich ein rundlicher Wiesenhügel. Und der wiederum interessiert mich auf meiner Naturdenkmal-Rechercheise durch den Süden Baden-Württembergs. Es handelt sich womöglich um einen sogenannten Drumlin. Drumlins sind Moränenhügel, die beim Rückgang des Eispanzers liegen

Drumlin Sutterbühl vor dem geschichtsträchtigen Schloss Waldburg

geblieben sind. Meist haben sie eine längliche, elliptisch gestreckte Form. Dieser hier ist jedoch rund, 30 Meter hoch und hat einen Durchmesser von 100 Metern. Es könnte sich auch um einen Teil der würmzeitlichen Mittelmoräne zwischen Schussen und Argen handeln. Die Entstehungsweise ist nicht geklärt, es gab keine Grabungen. Der Hügel ist als Naturdenkmal ausgewiesen, genauso wie der auffälligere Kohlenberg, der nur wenige hundert Meter entfernt, etwas südwestlich davon liegt. Von Weitem wirkt der von einer Linde gekörnte Kohlenberg wie ein Vorberg der Waldburg. Der ebenfalls 30 Meter hohe Kohlenberg besitzt einen ovalen Grundriss von etwa 100 auf 200 Meter. Von seiner Kuppe hat man, wie auch von Schloss Waldburg, einen hervorragenden Panoramablick auf die Alpen. An manchen Tagen scheinen die Alpen zum Greifen nahe, an anderen liegen sie im Dunst versteckt und sind nur zu erahnen. Bei meinem Besuch Mitte September bot sich in der Abenddämmerung unverhofft ein besonderes musikalisches Erlebnis: Fünf Alphornbläser ließen bei Sonnenuntergang ihre Instrumente in den Abendhimmel erschallen.

Steht man auf der Kuppe des Kohlenbergs erscheint Schloss Waldburg fast gleichauf – eine Märchenburg mit langer Geschichte (siehe www.schlosswaldburg.de), die heute als Museum und »Eventlocation« genutzt wird. Was sich in früheren Zeiten hier zugetragen haben mag? Urkundlich belegt ist, dass hier von 1220 bis mindestens 1240 die Reichskleinodien aufbewahrt wurden. Georg III. Truchseß von Waldburg-Zeil (1488–1531) ging als »Bauernjörg«, als äußerst grausamer und erbarmungsloser Heerführer, gegen die aufständischen Bauern unrühmlich in die Geschichte ein. Er wandte sich auch gegen Herzog Ulrich aus Württemberg, dessen Geschichte Wilhelm Hauff in seiner Erzählung *Lichtenstein* festhielt (siehe Seite 124).

Auf einem Waldzug unweit vom Schloss gibt es ein weiteres Relikt der Eiszeit zu bestaunen: eine Anhäufung erratischer Blöcke. Es handelt sich wohl um Teilstücke eines größeren Blockes, der gesprengt wurde. Der Rheingletscher lagerte ihn während der Würmeiszeit in einer Seitenmoräne hier ab.

Drumlin Kohlenberg vor im Dunst zu erahnender Alpenkette

Informationen

Adresse: 88289 Waldburg

Anreise mit öffentlichen Verkehrsmitteln: Ab Bahnhof Ravensburg mit der Buslinie 7535 Richtung Vogt.

i www.gemeinde-waldburg.de

In der Umgebung von Waldburg gibt es viele weitere Naturdenkmale und kleine Naturschutzgebiete, deren Erkundung sich lohnt, beispielsweise das Reicher Moos, ein Moorgebiet, in dem heute noch Torf für den Kurbetrieb in Bad Waldsee abgebaut wird.

Heidenhöhlen und Spetzgarter Tobel

Geheimnisvolle Löcher im weichen Fels

Überlingen

48 Überlingen ist geprägt vom Molassegestein. Die Stadt ist auf ihm erbaut. Westlich der Altstadt reichte der Molassesandstein einst bis ans Bodenseeufer. Nur ein Fußweg führte unterhalb der Felswand nach Goldbach und in westliche Richtung weiter nach Sipplingen. In den weichen, mürben Sandstein waren Gänge und Kammern eingegraben, mit Fensteröffnungen zum See hin und mit Verbindungsgängen. Diese sogenannten Heidenlöcher existierten vermutlich schon ab dem Mittelalter. Im 18. Jahrhundert wohnten Obdachlose darin. Wohl um diese zu vertreiben, zerstörte die Stadt Überlingen

Molasse in Reinform: Felsenwand der Heidenhöhlen bei Überlingen

Im Spetzgarter Tobel stehen auf langer Strecke Molassewände an.

einen Teil der Höhlen. Anfang des 19. Jahrhunderts wurden sie wegen ihres malerischen Aussehens zur Touristenattraktion. Zahlreiche Bilddokumente bezeugen dies. Doch für den Bau der Straße entlang des Bodenseeufers (heute B 31) im Jahr 1864 wurde ein Teil der Felsen gesprengt. Infolge eines Unwetters im Jahr 1960 stürzten weitere Höhlenteile ein und wieder wurde gesprengt. Die noch existierenden Reste sind nicht mehr öffentlich zugänglich.

Die Felsenwand beeindruckt jedoch nach wie vor wegen ihrer Ausdehnung (400 Meter lang und bis etwa 20 Meter hoch). Man passiert sie unmittelbar nach dem Ortsende von Überlingen beim Vorbeifahren auf der B 31 oder mit dem Zug in Richtung Radolfzell. Ich sah sie mir vom Fußweg auf der gegenüberliegenden Straßenseite aus an. Unübersehbar sind die vielen Nistkästen an der Felswand, die Vögeln Lebensraum bieten.

Die Heidenlöcher mit ihrem grobsandigen Stein haben der Gesteinsformation der Oberen Meeresmolasse im Raum Überlingen den

Duft-Veilchen

Namen gegeben. Sie heißt Heidenlöcher-Schicht und hat insgesamt eine Mächtigkeit von 65 bis 70 Meter. Der Molasse begegnet man in Überlingen an vielen Stellen, beispielsweise im Stadtgarten am Steilabbruch, der den Unteren vom Oberen Stadtgarten trennt, oder in den beiden Tobeln im Bereich der Altstadt, in denen es ebenfalls Höhlungen gibt, die als Lagerräume genutzt werden. (Tobel sind tief eingeschnittene Erosionsschluchten mit steil abfallenden Felswänden.) Die Molasse tritt auch deutlich im vom Killbach gebildeten Spetzgarter Tobel etwas nördlich des Areals zutage. Dieser Tobel ist wegen seines Reichtums an Pflanzen- und Tierarten als Naturschutzgebiet ausgewiesen, genauso wie der etwas nordwestlicher gelegene Hödinger Tobel. Der Fußweg durch den Hödinger Tobel ist wegen Hangrutschungen jedoch gesperrt. Sperrungen muss man bei Tobeln ernst nehmen, denn unter Umständen besteht beim Begehen Lebensgefahr. Auf der gegenüberliegenden Seite des Überlinger Sees, in der ebenfalls in Molasse eingekerbten Marienschlucht, gab es erst im Jahr 2015 einen tödlichen Unfall. Die Marienschlucht ist deshalb gesperrt.

Informationen

Adresse: 88662 Überlingen

Anreise mit öffentlichen Verkehrsmitteln: Vom Überlinger Bahnhof aus bergaufwärts der Ausschilderung Richtung Spetzgarter Tobel folgen.

Nach dem Durchgang durch den Tobel gelangt man zum Schloss Spetzgart, das zur Schule Schloss Salem gehört. Von dort führt der Wanderweg zur Hödinger Höhe, von der aus man einen hervorragenden Blick auf den Bodensee hat. Eine Naturdenkmal-Linde markiert den Höhenweg.

Katharinenfelsen und Gletschermühle

»Der Ochsenspurng am St. Katharinafelsen«

Überlingen-Brünnensbach

49 Wer sich vom Stadtzentrum Überlingen nach Westen orientiert und die Heidenhöhlen (siehe voriges Kapitel) rechter Hand sowie das Gartenschaugelände linker Hand passiert, gelangt zum Katharinenfelsen. Das etwa vier Hektar große Areal, zu dem auch das Geotop Gletschermühle gehört, ist sei 1989 als Naturschutzgebiet ausgewiesen. Der Felsen erhebt sich 110 Meter hoch, ist teils von Gebüsch überzogen und oben bewaldet. Oberhalb des Felsenbandes verläuft ein Wanderweg, von dem aus man einen herrlichen Blick auf den Überlinger See mit der Mainau und auf die gegenüberliegende Halbinsel Bodanrück hat.

Einzigartiges eiszeitliches Relikt: Gletschermühle bei Überlingen

Blick vom Wanderweg oberhalb des Katharinenfelsen über den See

Floristisch außerordentlich wertvoll ist der Felsenstandort wegen des Vorkommens der Pfingst-Nelke *(Dianthus gratianopolitanus)*, der Strauchwicke *(Hippocrepis emerus)* und anderer Wärme liebender Pflanzen- und Tierarten, die auch intensive Sonneneinstrahlung vertragen. Es handelt sich um einen Geißklee-Föhrenwald.

Wie bei den Heidenhöhlen wurde auch am Katharinenfelsen der bis an den See reichende Teil für den Straßenbau im Jahr 1847 zerstört. Zuvor führte der Uferweg durch die Kapellengrotte St. Katharina zu Füßen des Felsen.

Eine geologische Besonderheit ist im Areal zu bewundern: die sogenannte Gletschermühle. Dabei handelt es sich um eine kreisrunde Vertiefung (eine topfrunde Auskolkung) mit einem Durchmesser von zwanzig Metern und einer Tiefe von etwa zehn Metern in dem weichen Molassegestein, wie es auch an den Heidenhöhlen ansteht.

Leberblümchen

Die Gletschermühle entstand während der Eiszeit, als der Rheingletscher hier alles bedeckte, dadurch, dass ein Schmelzwasserbach von der Oberfläche des Gletschers in eine Spalte stürzte und der Wasserstrudel unter Mitwirkung von hartem Geröll einen Strudeltopf formte. Beim Rückzug des Gletschers füllte sich der Topf mit grobem Schotter an. Erst in jüngerer Zeit wurde das Geröll ausgeräumt.

Erzählen möchte ich die Sage vom *Ochsensprung am St. Katharinafelsen*. Auf der Hochfläche über dem Felsen pflügte ein Bauer mit Hilfe von zwei Ochsen, die seine kleine Tochter führte, einen Acker. Gepiesackt von Bremsen gingen die Ochsen durch, fielen über den Felsen direkt in den See und rissen die Tochter, die das Seil nicht loslassen wollte, mit. Da schickte der Bauer ein Stoßgebet zum Himmel und schwor, dass er auf der gegenüberliegenden Seite des Überlinger Sees eine Kapelle stiften würde, wenn die Ochsen es bis ans andere Ufer auf dem Bodanrück schafften. Das Wunder geschah, und die Ochsen erreichten mit dem Töchterchen das andere Ufer. Die Kapelle wurde gebaut. Womöglich, so spekuliere ich, bezieht sich der Name »Katharinenbach« auf dem Bodanrück auf diese Sage.

Informationen

Adresse: 88662 Überlingen-Brünnensbach, oberhalb des Spetzgarter Hafens

Anreise mit öffentlichen Verkehrsmitteln: Am Bahnhof Überlingen dem Bodenseerundweg Richtung Sipplingen folgen.

Nach dem Passieren des Heidenhöhlenfelsen rechts abbiegen, durch ein kleines Neubaugebiet gehen, die B 31 unterqueren und unmittelbar danach nach links auf einen Feldweg zur Gletschermühle abbiegen. An der Gletschermühle vorbei gelangt man zum Fußpfad, der oberhalb des Katharinenfelsens verläuft.

Sieben Churfirsten und Burkhart-Linde

Reminiszenz an einen Minnesänger

Sipplingen

50 In Sipplingen reicht der Molassefelsen nicht wie in Überlingen nahe ans Seeufer heran, sondern rückt dreiecksartig ins Hinterland. Beim Blick auf die Landkarte wird schnell klar, weshalb dieses Gebiet als »Sipplinger Dreieck« bezeichnet wird. Wegen seines hohen ökologischen Wertes ist es seit 1989 als Naturschutzgebiet ausgewiesen. Das Gebiet lässt sich auf vielen Wegen erkunden und ist vor allem im Frühjahr zur Obstbaumblütezeit ein eindrückliches Erlebnis.

Ein Spaziergang in diesem idyllischen Gebiet sollte die Sieben Churfirsten einschließen, eine Gruppe von spitzkegelförmigen Felsengebilden, von denen fünf noch gut erhalten sind. (Die

Steinernes Naturdenkmal im Kiefernwald: die Sieben Churfirsten

Bezeichnung bezieht sich wohl auf die Bergkette der Churfirsten im schweizerischen Kanton St. Gallen.) Sie sind als »Felstürme beim Rotweiler (7 Churfirsten)« auch als Geotop geschützt. Wasser und Wind arbeiteten die »Türme« aus den Molassefelsen heraus. Sie blieben erhalten, weil eine härtere Gesteinslage die weicheren Sandsteinschichten darunter vor Erosion schützte. Wahrscheinlich wären sie schon längst weiter erodiert, wenn die Decklagen auf den Säulen nicht künstlich erneuert worden wären. Die Felstürme erinnern etwas an die Steinernen Jungfrauen im Brenztal (siehe *Sagenhafte Naturdenkmale in Baden-Württemberg, Band 1*), sind aber aus wesentlich weicherem Gestein und damit stärker erosiongefährdet.

Ein besonderer alter Baum: Burkhart-Linde

Oberhalb von Sipplingen (auf dem Stadtgebiet von Überlingen-Bonndorf) befindet sich der Haldenhof, von dem aus man einen herrlichen Blick über den Überlinger See zum Bodanrück und zur Mainau hat. Das Gasthaus wirbt damit, der schönste Aussichtspunkt am Bodensee zu sein. Eine uralte, malerisch krumm gewachsene und teils hohle Sommer-Linde *(Tilia platyphyllos)* mit gedrehtem Erdstamm steht unmittelbar am Talrand. Ihr Alter wird auf knapp 500 Jahre geschätzt; tausendjährig, wie häufig geschrieben, ist sie nicht. Sie ist benannt nach dem Minnesänger Burk(h)art von Hohenfels, der zwischen 1212 und 1242 in Urkunden erwähnt wird. Die Ruine der Burg Hohenfels steht in unmittelbarer Nähe der Linde. In Sipplingen wird das Andenken an den Minnesänger gepflegt. 18 Minnelieder sind von ihm überliefert. Hugo von Hofmannsthal hat das Lied I in seinen *Jedermann* aufgenommen. Sein Liedgut hat also acht Jahrhunderte überlebt.

Von einem Ritter von Hohenfels und seiner Angebeteten Fortunata handelt auch eine Sage. Fortunata lebte auf der anderen Seite des Überlinger Sees auf Burg Kargegg (ganz in der Nähe der Marienschlucht, siehe Seite 176). Ihr Vater ließ sie jedoch streng bewachen, so dass der Ritter das Edelfräulein nur in dunklen, sternlosen Nächten

Dem Minnesänger Burkhart von Hohenfels verdankt sie ihren Namen: die Burkhart-Linde.

besuchen konnte. Die beiden vereinbarten ein Signal: Wenn Fortunata alleine war, stellte sie eine brennende Kerze ins Fenster; der Hohenfelser schwamm dann durch den See zu ihr und kehrte am Morgen wieder zurück auf seine Seite. Doch eines Nachts, als der Jüngling über den See schwamm, brach ein Unwetter aus. Er verlor den Kampf gegen die Wellen und versank unweit vom Ufer in den Fluten. Fortunata, die ihn sehnlichst erwartet hatte, eilte zum See und kam eben dort an, als die Brandung seinen Leichnam an Land spülte. Sie nahm ihre Liebe und Treue mit ins Grab. Ihr Geist, so die Sage, wandle noch immer in den Ruinen der Burg Kargegg. Wer ihn erlöse, erlange jene wundersamen Schätze, die in den verschütteten Gewölben der Burg vergraben liegen, darunter ein Kegelspiel aus purem Gold. (Aus: *Die schönsten Sagen vom Bodensee und aus Oberschwaben*)

Sipplingen hat noch aus einem weiteren Grund einen guten Ruf in Baden-Württemberg. Von hier stammt nämlich das Trinkwasser für die Wasserversorgung in weiten Landesteilen. Das Wasser wird dem See vor dem Sipplinger Ufer in sechzig Meter Tiefe entnommen und nach einer Zwischenstation und einem Aufbereitungsverfahren in nördlich vom Bodensee gelegene Gebiete des Bundeslandes gepumpt. (Auch an meinem von Sipplingen über 200 Kilometer entfernten Wohnort im Nordosten Baden-Württembergs kommt ein Teil Bodenseewasser aus der Leitung; www.bodensee-wasserversorgung.de.)

Informationen

Adresse Sieben Churfirsten: 78354 Sipplingen, Sipplinger Dreieck
Adresse Burkhart-Linde: 88662 Überlingen-Bonndorf, Höhengasthaus Haldenhof, Zufahrt über Nesselwangen
Anreise mit öffentlichen Verkehrsmitteln: Die beiden Naturdenkmale sind vom Bahnhof Sipplingen aus zu Fuß jeweils in etwa einer halben Stunde erreichbar.

Anhang

Tipps zur Anreise bzw. zum Auffinden der Naturdenkmale

Die Anreise mit öffentlichen Verkehrsmitteln zu den Naturdenkmalen erwies sich bei meinen Rechercheeisen meistens als gut machbar. In einigen Fällen lagen die Haltestellen von Bahn oder Bus unmittelbar neben dem Naturdenkmal, beispielsweise die Aachquelle in Aach. Zu anderen Zielen muss man einige Kilometer zu Fuß zurücklegen, weil keine Haltestelle in der Nähe liegt. Ich denke da beispielsweise an den Teufelstein bei St. Roman oberhalb vom Kinzigtal im Nordschwarzwald. An dem Exkursionstag legte ich annähernd zwanzig Kilometer zu Fuß zurück – und war danach fit und glücklich. Überhaupt machte es Spaß, lange Strecken zu wandern, auch mit unterschiedlichem Start- und Zielpunkt. Auf diese Weise lassen sich die Exkursionen zu mehreren Naturdenkmalen miteinander verbinden.

Labsal für dürstende Wanderer: Brunnen mit köstlichem Quellwasser

Rastplatz beim Hohfelsen unterhalb des Mummelsees mit Quellwasser zur freien Verfügung

Wasser für dürstende Wanderer

Für ausgedehnte Exkursionen mit langen Wegstrecken ist eine gute Vorbereitung mit Kartenmaterial, Reiseproviant und Wasser wichtig. Empfehlenswert sind zwei Liter Trinkwasser – aus der Erfahrung, dass man bei Exkursionen oft den ganzen Tag über keinen Zugang zu Leitungswasser, Quellwasser oder zu Getränken hat, da es an der Wegstrecke weder Brunnen noch Läden oder Einkehrmöglichkeiten gibt. Eine sehr lobenswerte Ausnahme fand ich am Wasserhochbehälter unweit der Magdalenen-Eiche hinter Villingen, an dem Wanderer und Radfahrer Wasser entnehmen können. Und auch im Schwarzwald, vor allem im Nordschwarzwald, klappte es mit der Wasserversorgung ganz gut, weil dort öfters Brunnen mit köstlichem Quellwasser am Weg stehen.

Schilder weisen den Weg zu manchem Naturdenkmal wie dem Teufelstein im Nordschwarzwald.

Kartenmaterial

Ich bereite alle Touren sowohl mit Google Maps als auch mit gedruckten Karten vor. Bevorzugt verwende ich die Wander- und Freizeitkarten des Landesamtes für Geoinformation und Landentwicklung (LGL), in die die Wanderrouten der großen Wandervereine, also Schwäbischer Albverein und Schwarzwaldverein, sowie spezielle Routen wie die Jakobswege eingezeichnet sind. Auch viele Naturdenkmale, aber bei weitem nicht alle, lassen sich auf den Karten lokalisieren. Einen Überblick über das Kartenmaterial gibt es auf www.lgl-bw.de. Das Landesamt hat zudem eine nützliche App eingeführt, die BW Map mobile, über die sich Kartenmaterial bis zum Maßstab 1:10.000 herunterladen lässt. Die Orientierung im Gelände ist somit garantiert.

Bildnachweis

Alle Fotos stammen von der Autorin, außer:

Wikimedia Commons/Ramessos: S. 146

Literatur

Arbeitsgemeinschaft Blautopf (Hg.): Faszination Blautopf. Vorstoß in unbekannte Höhlenwelten. Jan Thorbecke Verlag, Ostfildern, 2. erw. Auflage 2011

Hans Binder; Herbert Jantschke: Höhlenführer Schwäbische Alb. DRW-Verlag, Leinfelden-Echterdingen, 7. völlig neu bearbeitete Auflage 2003

Brunhilde Bross-Burkhardt: Sagenhafte Naturdenkmale in Baden-Württemberg. Odenwald, Neckartal, Hohenlohe, Ostalb, Nordschwarzwald. Steffen Verlag, Berlin 2020

Brunhilde Bross-Burkhardt: Gärten & Parks in Baden-Württemberg. L & H Verlag, Berlin 2020

Wendelin Duda: Die Sagen des Hegaus. Freiburger Echo Verlag, Stegen 2005

Andreas Färber; Stefan Krauss: Kaiserstuhl. Ansichten und Einblicke. G. Braun Buchverlag, Karlsruhe 2009

Hans-Joachim Fröhlich: Wege zu alten Bäumen. Band 12: Baden-Württemberg. Mit Standorten und Kurzbeschreibungen von über 250 Exemplaren. WDV Wirtschaftsdienst, Frankfurt am Main 1995

Klaus Graf (Hrsg.) Sagen der Schwäbischen Alb. DRW-Verlag Weinbrenner Leinfelden-Echterdingen, o.J.

Bernhard Möking; Karlhein Schaaf: Die schönsten Sagen vom Bodensee und aus Oberschwaben. Südverlag, Konstanz 2018

Regierungspräsidium Freiburg: Die Naturschutzgebiete im Regierungsbezirk Freiburg. Jan Thorbecke Verlag, Ostfildern, 3., durchgesehene und ergänzte Auflage 2011

Regierungspräsidium Tübingen: Die Naturschutzgebiete im Regierungsbezirk Tübingen. Bearbeitet von Volker Kracht. Jan Thorbecke Verlag, Ostfildern, 2., überarbeitete und erweiterte Ausgabe 2006

Wilhelm Straub: Sagen des Schwarzwaldes. Ausgewählt und bearbeitet von Wilhelm Straub. Konkordia Verlag, Bühl/Baden 1982

August Schnezler (Hrsg.): Badisches Sagenbuch I, Karlsruhe 1846

Taschenbuch des Naturschutzes in Baden-Württemberg. Ein Leitfaden für den Naturschutzdienst und alle, die die Natur schützen wollen. Hrsg. vom Landesnaturschutzverband Baden-Württemberg e.V., Stuttgart, 6. Auflage 2016

Umschlagfotos

Die Fotos auf dem Umschlag gehören zu folgenden Kapiteln (von links nach rechts):

Titelseite

Großes Foto: Frauenfels (Kolbingen), S. 93
Fliegenpilz beim Teufelstein (Wolfach-St. Roman), S. 29
Zundelbacher Linde (Schlier), S. 163
Triberger Wasserfälle (Triberg), S. 35

Rückseite

Günterfelsen (Furtwangen), S. 39
Schwenninger Moos (Villingen-Schwenningen), S. 77
Brudersloch (Kandern), S. 52

Die Deutsche Nationalbibliothek verzeichnet diese Publikation
in der Deutschen Nationalbibliografie;
detaillierte bibliografische Daten sind im Internet über
http://dnb.d-nb.de abrufbar.

www.steffen-verlag.de
info@steffen-verlag.de

Herstellung: Steffen Media, Friedland – Berlin – Usedom
www.steffen-media.de

ISBN 978-3-95799-107-2